Mirella Gamboa Narváez
José Luis Rios Flores
Becky Elizabeth Ríos Arredondo

Eficiência e produtividade da água

Mirella Gamboa Narváez
José Luis Rios Flores
Becky Elizabeth Ríos Arredondo

Eficiência e produtividade da água

Utilizada na produção de noz-pecã (Carya illinoensis) versus maçã (Malus domestica) em Chihuahua, México

Imprint

Any brand names and product names mentioned in this book are subject to trademark, brand or patent protection and are trademarks or registered trademarks of their respective holders. The use of brand names, product names, common names, trade names, product descriptions etc. even without a particular marking in this work is in no way to be construed to mean that such names may be regarded as unrestricted in respect of trademark and brand protection legislation and could thus be used by anyone.

Cover image: www.ingimage.com

This book is a translation from the original published under ISBN 978-620-3-88753-2.

Publisher:
Sciencia Scripts
is a trademark of
Dodo Books Indian Ocean Ltd. and OmniScriptum S.R.L publishing group

120 High Road, East Finchley, London, N2 9ED, United Kingdom
Str. Armeneasca 28/1, office 1, Chisinau MD-2012, Republic of Moldova, Europe
Printed at: see last page
ISBN: 978-620-7-67544-9

Conteúdo

RESUMO

Os objectivos foram determinar a produtividade física (PFA), económica (PEA) e social (PSA), bem como a eficiência física (EFA), económica (EEA) e social (ESA) da água utilizada na produção de noz-pecã (*Carya illinoensis*) e contrastá-la com a maçã (*Malus domestica*) no estado de Chihuahua em 2019, ambas as culturas produzidas em condições de uso médio de tecnologia (MT). Foram utilizados modelos de produtividade e eficiência hídrica no sector agrícola, alimentando estes modelos com dados de produção a nível comercial do SIAP. ⁻³³³⁻¹Os resultados mostram que o PFA, PEA e PSA foram (sempre MT noz vs MT maçã): 0,15 e 2,28 kg m , USD 126.897 e USD 619.570 de lucro por hm e 9 e 23 postos de trabalho por hm , enquanto o EFA, EEA e ESA foram: 6.603 e 438 litros kg , 7.³³88 e 1,61 m de água utilizada por USD de lucro e 113.143 e 42.562 m de água utilizada por posto de trabalho. Os indicadores mostram que em termos físicos, económicos e sociais, a utilização da água na produção é menos produtiva (logo menos eficiente) na nogueira, pois ao utilizar o mesmo volume de água utilizado pela maçã, esta produz apenas 6,63% do produto físico, 20,48% do lucro e 37,6% do emprego gerado pela maçã. ⁻³A PEA média da maçã MT (619.570 USD hm) para Chihuahua só foi ultrapassada em 72% pela oliveira MT (619.570 USD hm) para Chihuahua.

Espanha; As maçãs BT, MT e AT (produzidas com tecnologia "B" baixa, "M" média e "A" alta) de Cuauhtemoc, Chihuahua, bem como as maçãs BT e AT de Canatlan e Santiago Papasquiaro, Durango, registaram índices PAA mais baixos, mas não PES, ⁻³uma vez que a maçã MT e a noz MT analisadas (9 e 23 empregos hm, respetivamente), foram superadas pela produtividade social da água em várias culturas, como as maçãs BT de Cuauhtemoc, Chihuahua e Canatlan e Santiago Papasquiaro, Durango.

Palavras-chave: eficiência, água virtual, sustentabilidade, pegada hídrica.

I. INTRODUÇÃO

A maçã (*Malus domestica* L.) é um dos alimentos mais consumidos pelo ser humano, da mesma forma, estima-se que é um dos alimentos que ocupam uma maior percentagem nas despesas diárias das pessoas quando fornecem vegetais na sua dieta, por outro lado, embora a noz-pecã (*Carya illinoensis*) não seja um alimento tão habitual como a maçã, nos últimos anos a sua produção aumentou notavelmente, ambas as culturas aumentaram sensivelmente a sua procura *per capita*, no caso da maçã é atualmente de 8.[1]8 kg por pessoa por ano, enquanto que no caso das nozes o consumo per capita é de 0.[23][45]5 kg por pessoa por ano no México , e ambas as culturas exigem relativamente muita água em sua produção dependendo de onde são produzidas e em que sistema de produção são produzidas, por outro lado, em 1970 o México tinha uma população de 51.493.565 pessoas, e em 2018 no país já havia 124.738.00 habitantes , então, se considerarmos uma pegada hídrica de 822 litros de água por kg de maçã e 16.[3-16]19 m kg no caso das nozes pecan , então, da pegada hídrica anual de cada mexicano, ou seja, do total de água direta e virtual consumida por cada mexicano, para o simples

---

[1] SIAP, 2017. Maçã: México produziu 716.930 toneladas de maçãs em 2016. Disponível em: https://www.gob.mx/siap/articulos/manzana-mexico-produjo-716-930-toneladas-en-2016?idiom=es

[2] **Ortiz, Ramos Daniel, 2016.** A produção e o comércio exterior da noz (*Carya ilinoinensis*) no México. Tese profissional de Licenciado en Comercio Internacional. Universidad Autonoma Agraria Antonio Narro, Unidad Saltillo. Saltillo, Coahuila México Pag. 33. Disponível em: http://repositorio.uaaan.mx:8080/xmlui/bitstream/handle/123456789/8211/T19328%20ORTIZ%20R AMOS,%20DANIEL.pdf?sequence=1

[3] México-População, 2018. Expansão/ datos macro.com. Disponível em: https://datosmacro.expansion.com/demografia/poblacion/mexico

[4] **Evolução da população mundial.** A economia de mercado: virtudes e inovações. Demograffa. 2019. Disponível em: http://www.juntadeandalucia.es/averroes/centros-tic/14002996/helvia/aula/archivos/repositorio/250/271/html/economia/2/evolucion.htm. Acedido em 10 de setembro de 2019.

[5] **HOEKSTRA, A. Y. e HUNG, P.Q. (2005).** "Globalização dos recursos hídricos: fluxos internacionais de água virtual em relação ao comércio de culturas". Global Environmental Change, 15, pp. 45-56.

[6] **Cifuentes Rodriguez, Reynau, 2017.** Produtividade agrícola da água, solo, capital e trabalho no cultivo de nogueira (*Carya illinoensis*) em San Pedro, Coahuila. Tese profissional. Departamento de Irrigação. Universidad Autonoma Agraria Antonio Narro, Unidade Laguna. Torreon, Coahuila, México.

consumo anual de maçãs e nozes, cada mexicano está a gastar 15.328,6 litros de água (7.233.[3]6 litros de água para o consumo de maçã e 8.095 litros de água por pessoa por ano para o consumo de noz pecã), o que, com a população em 2018, implica que foram investidos 1.912,058907 milhões de m por ano apenas para abastecer a população com a maçã e a noz pecã que consome anualmente.

Assim, o exposto acima é a primeira das faces ou facetas do problema a ser abordado dentro do qual este trabalho se insere: o crescimento da demanda por alimentos de origem agrícola, bem como o crescimento demográfico, que exercem uma enorme pressão sobre o uso da água, um recurso extremamente escasso, uma vez que da quantidade total de água no planeta, apenas 0.[37]26% dos 1.386 milhões de km de água do planeta é ***água doce disponível***, o restante é constituído por 2,24% de ***água doce indisponível***, pois encontra-se nas calotas polares, permafrost, glaciares e águas extremamente profundas, a profundidades superiores a um km, inacessíveis em termos económicos com a tecnologia atual, e 97,5% é ***água salgada*** dos mares e oceanos .

[3]O segundo aspeto ou faceta do problema em que se insere este trabalho, é que o sector agrícola é o principal utilizador da água doce disponível no planeta, em média a nível mundial, a agricultura e a pecuária consomem 70% da água doce disponível, 20% é para uso industrial e 10% para consumo doméstico, embora como todas as médias variam de país para país, por exemplo, na Índia, principal consumidor de água doce (com 761 mil hm/ano) 90,4% é utilizada para a agricultura, 2,2% para a indústria e 7.[33]A China é o segundo maior consumidor de água doce, com 607,8 mil hm /ano, dos quais 64,5% são para uso agrícola, os EUA são o terceiro maior consumidor de água doce, com 485,6 mil hm /ano, dos quais

---

[7] Fundação Aqua. Quantidade de água potável, fonte de vida. Disponível em: https://www.fundacionaquae.org/wiki-aquae/datos-del-agua/cantidad-de-agua-potable-fuente-de- vida/ Acedido em 10 de setembro de 2019.

apenas 36,1 são utilizados pela agricultura, 51.[38]O México é o 7º maior consumidor mundial de água doce, com 85,66 mil hm/ano, dos quais 76,3% (ou seja, acima da média mundial) são utilizados pela agricultura, 9,1% pelo sector industrial e 14,6% para abastecimento público.

Uma vez que o estado de Chihuahua é o principal produtor nacional de maçã e noz pecã, é importante estudar a forma como o escasso recurso hídrico está a ser utilizado na sua produção. Com base no exposto, deve ficar claro que o que é analisado neste trabalho não é nem a maçã nem a noz, mas simplesmente a produtividade física, económica e social da utilização da água na produção de noz pecã e maçã no estado de Chihuahua.

No caso do México em particular, com 0,1% do total de água doce disponível no mundo, a agricultura e a pecuária consomem 76.3% da água doce disponível (lembre-se que a média mundial é de 70%), mas, além disso, a terceira faceta do problema em que este trabalho está inserido, é que, sendo pouca água doce disponível no mundo, e sendo a agricultura e a pecuária a que mais consome, também *a utiliza de forma ineficiente*, [9]57% da água consumida perde-se por causas diversas como a evaporação, mas também se deve a infra-estruturas de rega inadequadas, ineficientes, obsoletas e negligenciadas. Pior ainda, a agricultura de regadio gera apenas 42% da produção nacional.

O que precede sugere que são necessários indicadores numéricos para mostrar quão **produtiva** (ou seja, quanta *produção física ou económica/social* é obtida por unidade de volume de água) e **eficiente** (ou seja, quanta água é utilizada por unidade de produção física/económica/social) é a utilização

[8] FAO (Organização das Nações Unidas para a Alimentação e a Agricultura), Departamento de Agricultura e Proteção do Consumidor, 2005. Utilização da água na agricultura. Disponível em: http://www.fao.org/ag/esp/revista/0511sp2.htm

[9] Agua.org.mx Fondo para la Comunicacion y la Educacion Ambiental A.C. Overview of water in Mexico. Disponível em: https://agua.org.mx/cuanta-agua-tiene-mexico/. Último acesso em 21 de janeiro de 2020.

da água na cultura da noz pecan (Carya illinoensis) em comparação com a cultura da maçã (Malus domestica), quando ambas as culturas são cultivadas em condições Mediano, (ou seja, quanta água é utilizada por unidade de produção física, económica ou social) é a utilização da água na cultura da noz pecã (*Carya illinoensis*) em comparação com a cultura da maçã (*Malus domestica*), ambas as culturas em condições de utilização média da tecnologia (a seguir designada por MT), de modo a que, com base nestes números-índice, aqueles que tomam decisões macroeconómicas sobre a utilização da água e a sua repartição entre as diferentes alternativas a que a água pode ser sujeita possam *otimizar* a sua utilização da água.

II. OBJECTIVOS E HIPÓTESES
II.1. Objectivos gerais e específicos

Os objectivos gerais deste estudo foram determinar a produtividade e a eficiência da água utilizada na produção de noz pecan (*Carya illinoensis*) produzida em condições de utilização média da tecnologia "MT" e compará-la com os indicadores correspondentes de produtividade e eficiência da água utilizada na produção de maçã MT (*Malus domestica*) ao nível do estado de Chihuahua, México.

II.2. Hipótese
II.2.1.　Primeira hipótese

[3-33]A nível agregado de todo o estado de Chihuahua, a noz-pecã MT (*Carya* illinoensis) em relação à maçã (*Malus domestica*), terá uma produtividade **física da** água "PFA" <u>mais baixa </u>(PFA medida em kg de produto por m de água utilizada na produção, abreviada como kg m), ou seja, a noz-pecã produz menos biomassa por m de água utilizada na produção do que a cultura da maçã MT (*Malus domestica*).

II.2.2.　Segunda hipótese

[-33]A um nível agregado de todo o estado de Chihuahua, a noz pecã MT (*Carya illinoensis*) em relação à maçã (*Malus domestica*), terá uma produtividade **económica da** água "EAP" <u>mais baixa </u>(EAP medida em lucro em USD por m3 de água utilizada na produção, abreviado como USD m), ou seja, a noz pecã produz menos lucro em USD por m de água utilizada na produção do que a cultura da maçã MT (*Malus domestica*).

II.2.3.　Terceira hipótese

[3-33]A um nível agregado de todo o estado de Chihuahua, a noz pecan de MT (*Carya illinoensis*) em relação à maçã (*Malus domestica*), terá uma produtividade **social da** água "PES" <u>mais baixa </u>(PES medida em empregos gerados por hm de água utilizada na produção, abreviada como empregos hm), ou seja, a noz pecan produz menos empregos por hm de água utilizada

na produção do que a cultura da maçã de MT (*Malus domestica*).

III. REVISÃO DA LITERATURA
III.1. Características da maçã (*Malus domestica*) e da noz pecã (Carya illinoensis)
noz pecã (*Carya illinoensis*)

Em geral, as tonalidades de cor assumidas pelas maçãs no mundo variam entre 530 e 740 nanómetros, de acordo com o espetro visível ao olho humano, ver figura 1.

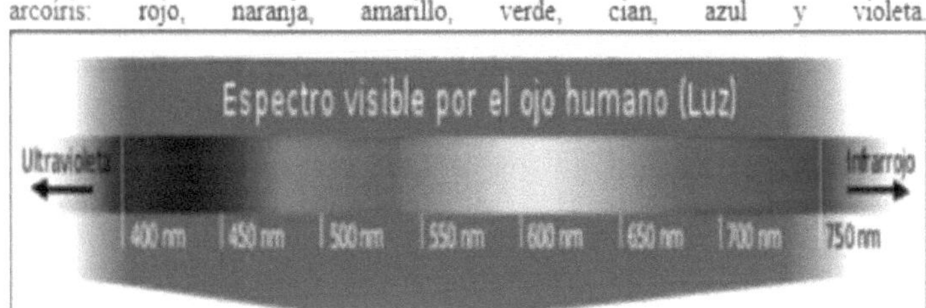

Figura 1: Espectro visível ao olho humano e gama de cores da maçã.

A maçã é um fruto de estrutura firme, proveniente do recetáculo de uma flor, cuja cor pode variar: vermelho intenso, vermelho pálido, laranja, verde intenso, verde pálido e amarelo, consoante a variedade.

A variedade Gala é bicolor, estaladiça e com aromas doces, é uma das maçãs mais doces, tem riscas cor de laranja e cor-de-rosa sobre um fundo amarelo, é uma das variedades mais consumidas no mundo. É muito utilizada em saladas e compotas.

Figura 2. Diferentes colorações de maçã.

Variedade Red Delicious ou Maçã Vermelha: crocante e ligeiramente doce, excelente para utilizar em saladas e deliciosos batidos, o fruto em forma de coração é de cor vermelha viva. Pode ajudar a proteger o trato urinário, a limpar o intestino e contém antioxidantes. A época mais comum para saborear esta maçã é todo o ano.

Maçã Golden Delicious ou Amarela: é a escolha ideal para qualquer receita, é doce e macia com uma pele tenra, e a sua polpa permanece branca durante mais tempo do que as outras maçãs após o corte. É recomendada para saladas, sopas, bebidas, bolos ou qualquer elaboração para refrigeração. É uma das primeiras variedades a ser selecionada nos Estados Unidos.

Granny Smith ou Maçã Verde: Conhecida pelo seu delicioso sabor ácido e pela sua crocância, ficamos surpreendidos com a popularidade desta maçã. As maçãs Granny Smith são óptimas para qualquer tipo de receita, como saladas, puré de maçã, produtos de pastelaria, pratos refrigerados e muito mais. Cortadas em fatias, com um pouco de especiarias, limão e sal, são o petisco perfeito para assistir a jogos de futebol, bem como para fazer os centros de mesa perfeitos para um casamento ou cerimónia.

Para além das propriedades específicas de cada cor, descobriu-se que as maçãs podem trazer saúde aos intestinos, bem como estimular o sistema imunitário aumentando a quantidade de bactérias intestinais boas, por isso e muito mais são consideradas um super fruto.

As maçãs, em geral, independentemente da variedade e da cor, têm propriedades antidiarreicas, laxantes, diuréticas, depurativas, hipolipemiantes, tonificantes do sistema nervoso e hipotensoras. As maçãs são conhecidas pelo seu elevado teor de água, cerca de 85%, o que as torna muito refrescantes e hidratantes. [11]Para além disso, os açúcares presentes neste

---

[11] Ecosarga: As propriedades das maçãs segundo a sua cor. Disponível em:

fruto são principalmente a frutose (açúcar do fruto) e, em menor quantidade, a glicose e a sacarose, açúcares que são rapidamente assimilados pelo organismo.

As maçãs são ricas em antioxidantes, sobretudo com uma grande quantidade de Vitamina E e Vitamina C; ricas em fibras, que melhoram o trânsito intestinal e, no seu conteúdo mineral, vale a pena destacar o seu elevado teor de potássio e ferro, o que as torna um fruto adequado para todos os tipos de pessoas.

Atualmente, existem cerca de 4000 pigmentos vegetais conhecidos nos nossos alimentos. Cada grupo de cores representa diferentes fitoquímicos. Os fitoquímicos são substâncias que estão associadas a uma menor incidência de cancro, doenças cardíacas, entre outras. Os fitoquímicos são elementos químicos encontrados nos alimentos de origem vegetal, mas não são nutrientes, nem macronutrientes, nem estão incluídos no grupo das vitaminas ou minerais. Por conseguinte, não têm qualquer função energética ou nutricional, mas desempenham várias funções benéficas. É por isso que os alimentos que contêm substâncias fitoquímicas são chamados alimentos funcionais, pois para além da componente nutricional, proporcionam também outros benefícios para a saúde, como as propriedades antioxidantes e anti-cancerígenas. Neste sentido, destacam-se os fenóis e os terpenos, incluindo os flavonóides e os carotenóides, que ajudam a reduzir a inflamação e actuam como protectores nas doenças cardiovasculares, como o enfarte do miocárdio, a angina de peito, a hipertensão arterial, a arteriosclerose, etc. [12]Alguns também ajudam a manter o sistema imunitário .

III.1.1.   As cores das maçãs e as suas propriedades

Maçãs vermelhas. Pertencem ao grupo dos fitonutrientes vermelhos (licopeno, antocianinas e ácido elágico) que

https://www.frutadelasarga.com/blog/las-propiedades-de-las-manzanas-segun-su-color
[12] O que são os fitoquímicos?   Disponível em: https://www.espn.com.mx/espn-run/note/_/id/2722475/nutrição-o-que-é-fitoquímicos

proporcionam uma nutrição e um bem-estar óptimos para o coração, as células e a pele, melhoram a imunidade e ajudam a contrariar os efeitos do stress e da fadiga. Para além das maçãs vermelhas, estes compostos encontram-se na toranja, nas cerejas, nas uvas vermelhas, nas peras vermelhas, nas romãs, nas framboesas, na melancia, nos pimentos vermelhos, nos rabanetes, nas cebolas roxas e nos tomates.

Maçãs amarelas. *Estão associadas à proteção contra alguns tipos de cancro*, apoiam a saúde dos olhos (particularmente a visão nocturna), a proteção cardiovascular e do sistema imunitário. Normalmente, os alimentos de cor laranja ou amarela contêm vitamina C e os fitoquímicos carotenóides, luteína e terpenos. Estes nutrientes podem ser encontrados nas laranjas, melões, tangerinas, abobrinhas, ananases, papaia, milho, limão, cenouras, abóbora, etc.

Maçãs verdes. Estão também relacionados com a proteção de alguns tipos de cancro, com a manutenção dos ossos e dos dentes e proporcionam ainda benefícios para a visão. Os polifenóis e as isoflavonas são os fitoquímicos mais conhecidos. *Quanto mais escura for a cor verde, maior é o teor de substâncias protectoras. O* kiwi, o pimento verde, a salsa, os brócolos, os espinafres, os espargos, a couve e os seus derivados, o repolho, o pepino, etc. são os alimentos mais importantes em termos de teor de vitamina K1.

Relativamente aos frutos secos, estes encontram-se entre os alimentos mais completos do mundo. [13]Entre as muitas propriedades das nozes, há 6 muito notáveis:

1. Reduzem o nível de colesterol mau LDL e a hipertensão.

2. Previne o risco de doenças cardiovasculares como o enfarte do miocárdio e a angina de peito.

3. Previne o desenvolvimento da arteriosclerose.

4. São um ótimo alimento para o nosso cérebro.

---

[13] As seis propriedades surpreendentes das nozes. Disponível em: https://comefruta.es/las-6-surprising-properties-of-nuts

5. Devido ao seu poder antioxidante e às suas vitaminas, são benéficos para a nossa pele.

6. Devido à sua capacidade saciante, é recomendado para prevenir ou tratar a obesidade.

III.1.2. Benefícios e propriedades das nozes

As principais propriedades das nozes são o facto de serem ricas em gorduras Ómega 3, que ajudam a reduzir o colesterol e a prevenir a má circulação.

O consumo regular de nozes, cerca de 5 nozes 5 vezes por semana, pode reduzir em 50% o risco de doenças cardiovasculares como o enfarte do miocárdio ou a angina de peito.

De acordo com alguns estudos, as nozes podem reduzir o nível de LDL (mau colesterol) no sangue em maior grau do que o azeite, o que faz das nozes um dos melhores alimentos para combater o colesterol.

Outras propriedades importantes das nozes são:

. Reduz a hipertensão (o alho é outro remédio natural para a hipertensão).

. Previne o aparecimento da arteriosclerose.

. Adequado para diabéticos devido ao seu baixo teor de hidratos de carbono.

III.2. Produção de maçãs e nozes pecan em Chihuahua

Em 2018 a produção mundial de maçã ascendeu a 74.350.175 toneladas, a China contribuiu com 56%, a União Europeia com 14% e os EUA com 7%, o resto do mundo contribuiu com os restantes 23%, nesse ano de 2018, de acordo com a tabela 1, o México contribuiu com 659.451 toneladas, equivalente a 0,89% da produção mundial.

Quadro 1. Estatísticas da produção de maçãs no México 2009-2018

Ano	Área colhida (ha)	Produção (ton)	Valor (milhões de MX$ nominais)	Valor (milhões de MX$ constantes de dezembro de 2018)	PMR/tonelada (MX$ nominal)	PMR/tonelada (MX$ constante de 2018)	Rendimento (ton/ha)
2009	56,992	561,493	$2,333	$3,835	$4,155	$6,830	9.852
2010	57,743	584,655	$3,253	$4,817	$5,564	$8,239	10.125
2011	56,845	630,533	$3,123	$4,192	$4,953	$6,648	11.092
2012	58,451	375,045	$3,009	$3,870	$8,023	$10,318	6.416
2013	59,199	858,608	$4,265	$5,447	$4,967	$6,344	14.504
2014	55,447	716,865	$4,206	$5,068	$5,867	$7,069	12.929
2015	55,121	750,325	$4,322	$5,119	$5,760	$6,822	13.612
2016	54,248	716,930	$4,659	$5,038	$6,499	$7,027	13.216
2017	53,619	714,149	$6,231	$6,395	$8,725	$8,955	13.319
2018	49,493	659,451	$7,780	$7,780	$11,798	$11,798	13.324
TAC (2018/2009)	-1.4	1.6		7.3		5.6	3.1

Fonte: Elaboração própria, baseado em de: SIAP, 2018. Estatísticas do maçã no México. https://blogagricultura.com/estadisticas-manzana-mexico/. Valor da produção em MX$ constante de dezembro de 2018 é elaboração própria.

A Tabela 1 mostra que, entre o ano de 2009 e o ano de 2018, a produção cresceu, em termos absolutos, 97.958 toneladas (17,4%), embora a área de maçã tenha diminuído em 7.499 ha (13,2%) no período, em termos de taxa de crescimento anual (AAGR), a Tabela 1 mostra que enquanto a área diminuiu a uma taxa de 1.4% por ano, a produção estava a aumentar a uma taxa de 1,6% por ano e, além disso, o valor da produção, já expresso em MX$ constante em dezembro de 2018, estava a crescer a uma taxa de 7,3% por ano, [-1]A resposta está nas duas últimas colunas: o preço das maçãs e o rendimento por hectare, como por exemplo, o rendimento por hectare, passando de 9,852 para 13,324 ton ha, cresceu a uma taxa de 3,1% a cada ano e, em conjunto com os preços reais das maçãs aumentando a uma taxa de 5.6% ao ano, o valor da produção, por efeito combinado de preços e rendimentos, cresceu necessariamente 7,3% ao ano, passando de 3.835 para 7.780 milhões de pesos constantes.

A Tabela 2 mostra os dez principais estados produtores de maçã no México. Mostra que em 2018 o estado de Chihuahua, com 25.245 ha colhidos em 2018, contribuiu com 52,2% da área total colhida, com 569.580 toneladas, contribuiu com 87,4% do total e representou quase 94 cêntimos de cada peso de valor gerado pela maçã, e em relação ao total nacional, a maçã de Chihuahua representou 51% da área nacional colhida de maçã, 86,4% da produção nacional e gerou 93 cêntimos de cada peso de valor produzido nacionalmente pela cultura.

Tabela 2. Estados produtores de maçã no México em 2018

Estado	Área colhida (ha)	Produção (ton)	Valor (milhões de MX$)
1 Chihuahua	25,245	569,580	7,235
2 Puebla	7,814	35,713	162
3 Durango	**6,749**	**11,146**	**75**
4 Coahuila	3,263	10,165	
5 Veracruz	1,329	9,236	59
6 Zacatecas	1,014	4,442	26
7 Chiapas	814	3,370	26
8 Hidalgo	804	3,353	
9 Nuevo Leon	706	2,760	21
10 Oaxaca	597	2,281	21
Total	48,335	652,046	7,721
Chihuahua/total 10 estados	52.2%	87.4%	93.7%
Chihuahua/total nacional	51.0%	86.4%	93.0%

Fonte: Sta^sticas de la manzana en Mexico. https://blogagricultura.com/estadisticas-manzana-mexico/. As percentagens de participação de Chihuahua são elaboradas pelo próprio autor com base nos quadros 1 e 2.

Os restantes nove estados produtores de maçã, apesar de representarem 49% da área colhida, representam apenas 13,7% da produção física anual e 7% do valor nacional da produção de maçã, de acordo com o quadro 2.

A Figura 3 mostra a evolução da área colhida e da produção física anual da cultura da noz-pecã (*Carya illinoensis*) no México entre o ano 2000 e o ano 2017, observando que no início do período indicado, a área colhida era de apenas cerca de 50 mil hectares e em 2017 passou a 123.266 ha, enquanto a produção física anual, passando de 60 para 150.349 mil toneladas por ano, o que sugere que as taxas de crescimento anual, tanto da área colhida como da produção, avançaram a uma taxa de 5,5% ao ano, o que, em termos absolutos, equivale a aumentar anualmente pouco mais de 5 mil toneladas de nozes, o que não é um valor desprezível. A taxa de crescimento anual da produção física de nozes no México, 5,5%, é um pouco mais de três vezes superior à taxa de crescimento anual da produção de maçãs, 1,6%, como mostra o quadro 1.

[13]Figura 3. Área colhida (ha) e produção de nozes pecan no México, 2000-2017 .[14]

As figuras 3, 4 e 5 mostram, respetivamente, a evolução da produção física anual de nozes pecan no México, nos EUA e a nível agregado para ambos os países no período de 2000 a 2017.

[1413] **Comité Mexicano do Sistema Produtivo Nuez A.C. 2018.** *Y Alderete y Socios, Consultoria Industrial. 2018. Estudo estratégico da noz-pecã. Atualização 2018. Disponível* **em:** http://comenuez.com/wp-content/uploads/2018/assets/estudio-estrategico-nuez-pecanera-- 2018.pdf. *Último acesso em 12 de fevereiro de 2020.*

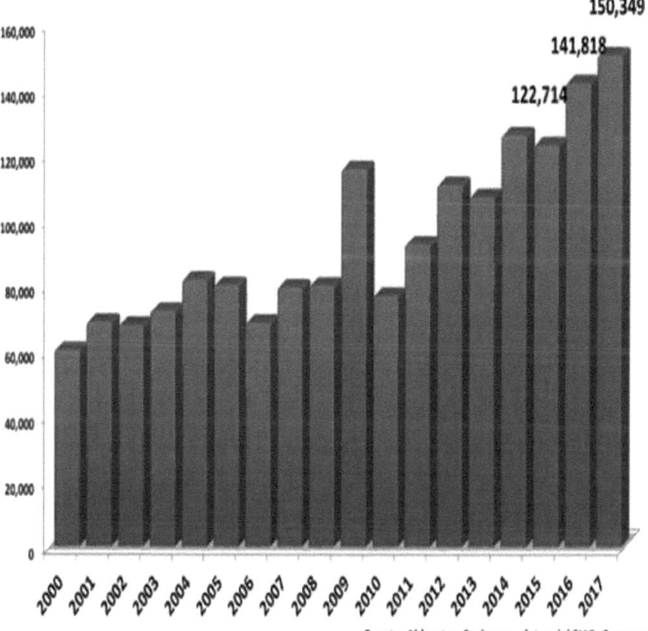

Fonte: Alderete y Partners com dados do 5IAP- Sagarpa

Figura 4. Produção de noz-pecã (*Carya illinoensis*) (ton) no México em 2000 2017[15]

A partir de 2015, o México, com 122.714 toneladas por ano (ver Figura 4), tornou-se o principal produtor mundial de nozes, ultrapassando os EUA com 115.448 toneladas (ver Figura 5), e em 2017, o México produziu 150.349 toneladas, enquanto os EUA produziram 125.829 toneladas (ver Figura 5).Em 2017, o México produziu 150.349 toneladas, enquanto os EUA produziram 125.829 toneladas (ver Figura 5), ano em que, com uma produção conjunta de pouco mais de 276 mil toneladas em ambos os países, o México contribuiu com 54% da produção conjunta e os EUA com 46% (ver Figura 5).

Produção de noz-pecã EUA 2000-2017

---

[15] **Comité Mexicano do Sistema Produtivo Nuez A.C. 2018. Y Alderete y Socios, Consultoria Industrial. 2018.** *Estudo estratégico da noz-pecã. Atualização 2018. Disponível em:* http://comenuez.com/wp-content/uploads/2018/assets/estudio-estrategico-nuez- pecanera--2018.pdf. *Último acesso em 12 de fevereiro de 2020.*

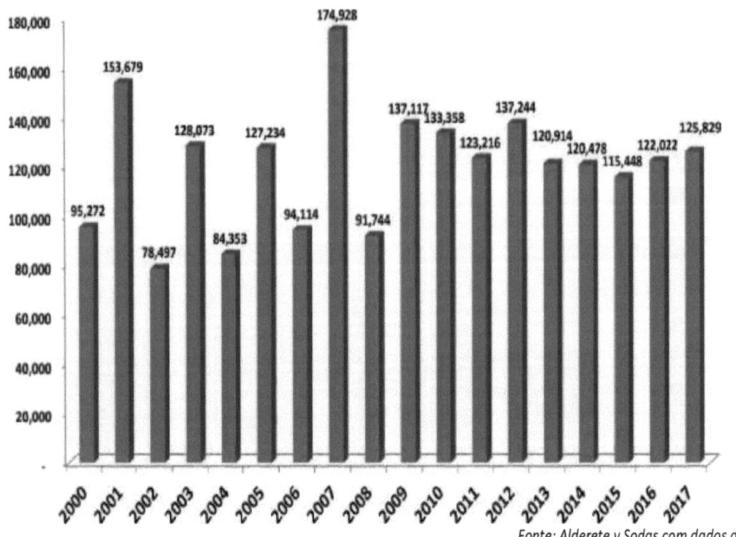

Fonte: Alderete y Sodas com dados do USDA.

[15]**Figura 5. Produção de noz-pecã (*Carya illinoensis)* nos EUA, 2000-2017 .**

[15] ***Comité Mexicano do Sistema Produtivo Nuez A.C. 2018. Y Alderete y Socios, Consultoria Industrial. 2018.*** *Estudo estratégico da noz-pecã. Atualização 2018.*

As figuras 4 e 5 mostram que, enquanto no México a produção de nozes caiu em 2007 e aumentou acentuadamente em 2010, nos EUA 2007 foi um ano de produção excecionalmente elevada, com uma produção de 174.928 toneladas, mas não em 2010, quando apenas 133.358 toneladas de nozes foram colhidas.

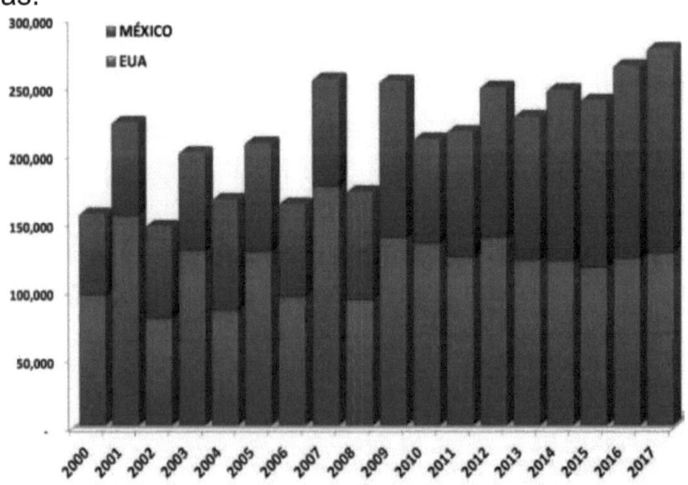

Fuente: Alderete y Socios con datos del SIAP- Sagarpa y U!

A Figura 7 mostra a repartição da produção física anual das 150.349 toneladas (apresentadas na Figura 4) produzidas no México em 2017 nos dez principais estados produtores de noz-pecã no México. Ash A Figura 7 mostra que o estado de Chihuahua, com 96.926 toneladas, contribuiu com 64,5% da produção nacional de nozes pecan, seguido de longe por Coahuila e Durango, que juntos, considerando que a região de La Laguna engloba parte de ambos os estados, produziram um total de 24.443 toneladas (15.962 e 8.481 toneladas, respetivamente) equivalente a 16,3%, enquanto Sonora, com 19.719 toneladas contribuiu com 13.1% da produção nacional, já que estes quatro estados produziram 93,8% (141.088 toneladas), enquanto os restantes seis dos dez principais estados produtores de nozes no México, sendo estes seis estados: Nuevo Leon, Hidalgo, San Luis Potosi, o estado do México, Aguascalientes e Oaxaca, apenas contribuíram com 8.274 toneladas, 5,5%, pelo que os restantes 0,7% da produção nacional foram contribuídos pelos restantes 22 estados da República Mexicana.

---

[16] *Disponível em:* http://comenuez.com/wp-content/uploads/2018/assets/estudio-estrategico-nuez-pecanera--2018.pdf. *Último acesso em 12 de fevereiro de 2020.*

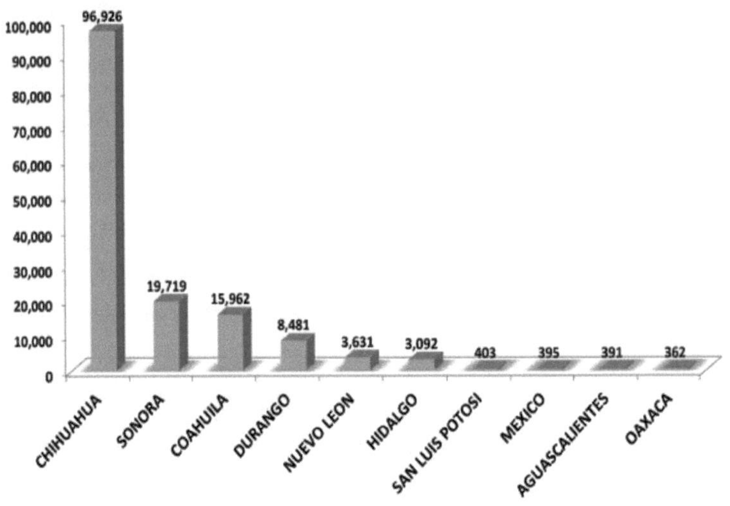

Fuente: Alderete y Socios con datos del SIAP-Sagarpa.

Figura 7. Produção de noz-pecã (ton) nos principais estados produtores do México em 2017.
Disponível em: http://comenuez.com/wp-content/uploads/2018/assets/estudio-estrategico-nuez-pecanera--2018.pdf

O consumo aparente de nozes no México (soma da produção mais importações menos exportações), como indicador da evolução da procura de nozes, como mostra a Figura 8, aumentou de 49.384 toneladas por ano em 2009 para 55.026 toneladas por ano em 2017, crescendo a uma taxa de 1,2% ao ano, também, A Figura 8 mostra que a balança comercial (exportações menos importações) de nozes no México, em termos físicos, aumentou de 65.966 toneladas em 2009 para 73.323 toneladas em 2017, aumentando a cada ano a uma taxa de 1,2% ao ano.

73 323 toneladas em 2017, aumentando todos os anos a uma taxa de 1,2 % por ano.

CONSUMO APARENTE DE MEXICO (TONS)									
	2009	2010	2011	2012	2013	2014	2015	2016	2017
PRODUCCION	115,350	76,627	92,359	110,605	105,542	125,412	122,714	141,818	150,349
EXPORTACIONES	87,662	91,231	67,456	70,474	79,750	102,118	95,384	119,431	99,181
CON CASCARA	41,016	19,454	24,587	25,327	23,537	32,551	34,904	43,302	23,356
SIN CASCARA	46,646	71,777	42,868	45,147	56,213	69,567	60,480	76,129	75,825
IMPORTACIONES	21,696	22,045	20,870	24,506	23,983	26,187	29,087	29,084	25,858
CON CASCARA	18,135	15,963	16,078	17,356	18,127	20,448	23,074	25,262	22,176
SIN CASCARA	3,561	6,082	4,792	7,150	5,856	5,738	6,013	3,822	3,682
SALDO COMERCIAL	65,966	69,186	46,586	45,968	55,767	75,932	66,297	90,346	73,323
ALMACENAMIENTO ESTIMADO									22,000
CONSUMO APARENTE	49,384	7,441	45,773	64,637	49,775	49,480	56,417	51,471	55,026

Figura 8: Consumo aparente de nozes pecan no México.

Disponível em: http://comenuez.com/wp-content/uploads/2018/assets/estudio-estrategico-nuez-pecanera--2018.pdf

O consumo aparente é um sinal claro de que o mercado da noz pecan no México está em expansão, o que representa uma oportunidade de negócio para os produtores de nozes, uma vez que a procura desta noz está claramente a aumentar, como mostra a figura 8.

O consumo aparente dos três frutos secos mais importantes: caju, noz-pecã e avelã nos Estados Unidos da América, é apresentado na Figura 9, a partir da qual se pode observar que, embora o consumo aparente tenha sido ligeiramente superior para a castanha de caju, o seu comportamento, tendência e valores têm sido muito semelhantes para as castanhas de caju e noz-pecã, que para 2017 foi de cerca de 110 mil toneladas para a noz-pecã e pouco mais de 160 mil toneladas para a castanha de caju.

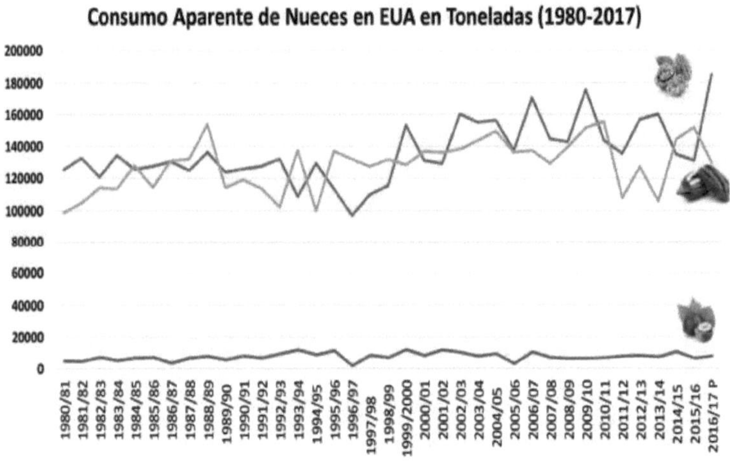

Figura 9: Consumo aparente de vários tipos de nozes nos EUA, em toneladas (1980 2017).

Disponível em: http://comenuez.com/wp-content/uploads/2018/assets/estudio-estrategico-nuez-pecanera--2018.pdf

Em termos de tendência, a Figura 9 mostra que, no caso da castanha de caju, a tendência teve um declive positivo maior do que no caso da noz pecan, cujo declive, também crescente, também positivo, foi relativamente menos acentuado em relação à castanha de caju.

O terceiro fruto de casca rija, a avelã, cujo crescimento do consumo aparente tem sido bastante estacionário, nunca atingiu, depois de 1980, um consumo aparente de cerca de 20 000 toneladas por ano, mas tem estado próximo das 10 000 toneladas de consumo aparente por ano (ver figura 9).

POSICIONAMENTO DAS EXPORTAÇÕES EM 2016

AS NOZES
SÓ SÃO ULTRAPASSADAS EM TERMOS DE EXPORTAÇÃO PELOS
SEGUINTES PRODUTOS

Figura 10. A noz-pecã (*Carya illinoensis*) é o décimo segundo produto agroalimentar com maior valor de exportação no México.
Disponível em: http://comenuez.com/wp-content/uploads/2018/assets/estudio-estrategico-nuez-pecanera--2018.pdf

Em termos de geração de valor pelas exportações mexicanas, a noz-pecã é o décimo segundo maior produto agroalimentar, apenas a cerveja, o abacate, o tomate, as bagas, a tequila, o chili, a carne de vaca, o açúcar, o gado, os produtos de confeitaria e o chocolate são produtos que geram mais valor para as suas exportações do que a noz-pecã. O valor das exportações de noz-pecã ultrapassa produtos agro-alimentares como o pepino, a carne de porco, o limão, a cebola, a abóbora, a melancia e o camarão, e ultrapassa mesmo outras culturas importantes na balança comercial, como o milho e o trigo (ver Figura 10).

A produção de maçã e de noz-pecã, tal como a de muitas outras culturas, é classificada em função do sistema de produção. De um modo geral, este sistema de produção permite classificar a produção em alta utilização de tecnologia (a seguir designada por AT), média utilização de tecnologia (MT) e baixa utilização de tecnologia (a seguir designada por BT), precisamente em função do parque tecnológico utilizado na produção.

O quadro 3 apresenta os dados relativos ao grau de participação na superfície colhida, na produção e no valor da produção de maçã e de noz MT.

Participação na área colhida, na produção e no valor da produção de maçã e de noz MT, ou seja, nos pomares de nogueiras e nos pomares de macieiras com pomares de macieiras MT, ou seja, nos pomares de macieiras e nos pomares de nogueiras com pomares de nogueiras MT.

ou seja, os pomares de nogueiras e os pomares de macieiras caracterizados por

caracterizados por terem um efetivo médio em termos de tecnologia, que, embora

tecnologia, que, apesar de não serem os pomares mais tecnificados, são os mais tecnificados, são os que têm maior produção de maçãs MT.

37

As explorações AT também não se encontram entre as explorações tecnologicamente mais atrasadas ou tradicionais, ou seja, as explorações com um baixo nível de tecnologia utilizada na produção, ou seja, as explorações BT.

Tabela 3. Contribuição das maçãs e nozes para a economia agrícola do estado de Chihuahua em 2018.

Nível de agregação	Superfície colhida(ha)		Produção (ton)		PBV (MX$ nominal 2018)	
Todo o estado	1,004,806.81	100%	13,128,669.82	100%	$47,187,481,698.76	100%

de Chihuahua					
Apple (BT+MT+AT)	25,244.92	2.5%	569,580.32	4.30%	$7,234,514,201.80	15.3%
Nogueira (BT+MT+AT)	56,951.88	5.7%	101,506.16	0.8%	$8,417,000,582.68	17.8%
Ambos	82,196.80	8.2%	671,086.48	5.1%	$15,651,514,784.48	33.2%
Todo o estado de Chihuahua	1,004,806.81	100%	13,128,669.82	100%	$47,187,481,698.76	100%
Apple MT	16,600.01	1.70%	340,860.55	2.6%	$4,099,193,109.95	8.7%
Nogueira MT	18,776.84	1.90%	31,280.36	0.2%	$2,571,012,456.09	5.4%
Ambos	35,376.85	3.5%	372,140.91	2.8%	$6,670,205,566.04	14.1%

Fonte: Elaboração própria com base em dados do SIAP "Cierre agricola 2018".

A partir da tabela 3, pode-se observar que em todo o estado de Chihuahua, em 2018, foram colhidos um total de 1.004.806,81 ha, que produziram um volume físico de 13.128.669,82 toneladas, um volume de produção que teve um valor de mercado de US $ 47.187.481.608.76, e em relação a esses três totais estaduais, a maçã e a noz produzidas pelos três níveis de tecnologia (BT+MT+AT) ocuparam 82.196,80 ha (25.244,92 ha de maçã e 56.951.88 ha de nogueira) equivalente a apenas 8,2% da área colhida em todo o estado, mas em termos do valor da produção conjunta, a maçã e a noz (BT+MT+AT) representaram 33,2% do valor da produção estadual, ou seja, com apenas 1 em cada 12 ha colhidos no estado, a maçã e a noz geraram 1 em cada 3 pesos do valor agrícola produzido em todo o estado de Chihuahua.

A parte inferior da Tabela 3 indica apenas as culturas da maçã e da noz analisadas neste estudo de produtividade da água, ou seja, aquelas produzidas sob média utilização da tecnologia MT, e sua importância na atividade agrícola do estado. A Tabela 3 mostra que em relação à área total colhida no estado (pouco mais de um milhão de hectares) as duas culturas em condições de MT, com 35.376,85 ha (16.600,01 ha de maçã MT e 18.776,84 ha de nogueira MT) representaram apenas 3,5% da área colhida no estado, mas sua importância econômica é enorme, pois contribuíram com 14,1% do valor da produção agrícola do estado.

As maçãs são um dos artigos mais caros para as famílias mexicanas. O México é o décimo terceiro maior produtor de maçãs do mundo. Apesar dos aumentos significativos na sua produtividade média nacional no período 2003-2016, equivalente a 44,65%, a produção de 716.931 toneladas em 2016 cobriu apenas 77,26% do consumo nacional, pelo que este produto é importado fresco, principalmente dos Estados Unidos (97,82% do total das importações). No contexto produtivo, dos 58.528 hectares plantados em 2016, 79,04% da área é mecanizada, 73,47% tem tecnologia aplicada à fitossanidade e 61,98% do território plantado com esta cultura teve assistência técnica. [18]Por outro lado, 90,24% da produção está sob irrigação geral e o restante sob irrigação de sequeiro .

3.3 Situação atual da eficiência do uso da água na produção de algumas árvores de fruto.
produção de algumas árvores de fruto

No Quadro 4 apresenta-se, de forma resumida, ordenada e esquemática, informação sobre a produtividade e a eficiência da água usada na produção de algumas árvores fruteiras. [-3]A produtividade física da água (PFA), medida em unidades de quilogramas de maçãs ou frutos secos produzidos por metro cúbico de água usada na produção, abreviada como kg m , é significativa em qualquer comparação, mesmo naquelas que aparentemente não devem ser comparadas, por exemplo, a comparação da PFA da maçã com a PFA do leite de vaca, torna-se mais fácil de compreender quando se compara a mesma cultura, mas produzida em diferentes níveis de utilização da tecnologia ou do sistema de produção, ou em diferentes localizações geográficas. [19]As cinzas da tabela 4 mostram que globalmente, de acordo com Mekonnen e Hoekstra (2011), são necessários 822 L kg-1, o que é um índice

---

[18] SAGARPA, 2017. Planeacion Agncola Nacional 2017-20130, Manzana Mexicana. Disponível em: https://www.gob.mx/agricultura/acciones-y-programas/planeacion-agricola-nacional-2017-2030-126813
Mekonnen & Hoekstra, 2011.

de eficiência hídrica (WEE), que quando convertido por nós num índice do tipo PFA, sugere que a utilização de um m3 de água na produção de maçãs a um nível médio global produz 1.216 kg de maçãs.

Quadro 4. Produtividade y eficiência física (PFA, EFA), económica (PEA, EEA) y social (PSA, ESA) da água utilizada na produção de várias árvores de fruto.

Produto	local	[3]PFA (kg m')	PAA [3](Ganho em USD hm')	[3]PSA (Empregos hm')	AAE [1](L kg')	[3]EEE (ganho m /USD)	[3]SCE (m /emprego)	Autor
Apple BT	Cuauhtemoc, Chihuahua	0.91	$84,341	28.1		11.857	35,587	Rios, Torres y Azpilcueta, 2017
Apple AT	Cuauhtemoc, Chihuahua	3.18	$614,244	22.7	314	1.628	44,053	Rios, Torres y Azpilcueta, 2017
Apple MT	Cuauhtemoc, Chihuahua	2.02	$284,726	19.6	495	3.512	51,020	Rios, Torres y Azpilcueta, 2017
Apple BT	Canatlan, Dgo. DDR	0.88	$148,405	27.9	1140	6.738	35,842	Rios et al, 2015
Apple AT	Canatlan,, Dgo. DDR	1.88	$362,825	38.6	530	2.756	25,907	Rios et al, 2015
Apple	Santiago Papasquiaro, Dgo	0.52	$24,117	26.9	1910	41.465	37,175	Navarrete et al, 2017
Pecan noz média B y G	Delicias, Chihuahua	0.125	$52,359	3.9		0.987	254,065	Rios, Torres y Torres,2016
Pecan noz média em B y G	Sudoeste de Coahuila	0.06	$10,921		15730	91.567	58,824	Rios y Navarrete, 2017
Pecan noz	Torreon, Coahuila	0.064	$29,785	17.1	15560	0.000	58,318	Rios, Ruiz y Rios, 2018.
Datil	Comondu, BCS	0.103	$83,000	3.84	9690	11.991	260,398	Zamora y Rivas, 2019
Oliveira	Espanha	0.39	$1,065,739					Montesinos et al (2011)
Apple	Média mundial	$-			822			Mekonnen y Hoekstra, 2011
Produção estatal em geral	Califórnia, EUA		$250,000					Fulton, Cooley e Gleick. 2012.

Fonte: Elaboração própria. [333]B = irrigado por bomba; G = irrigado por gravidade; a PEA para noz pecan de Delicias, Chihuahua y a azeitona de Espanha, foram MX$ 1,01 m , y 0,97 € lucro por m , foram deflacionados com índices de preços do banco do México y posteriormente padronizados para USD (constante 2019) lucro por hm y a PEA da Califórnia foi de USD 0,25 nT .

[20] [-3]Na mesma safra, a maçã de Cuauhtemoc, Chihuahua, e além disso, a maçã MT, a mesma maçã que será analisada neste estudo, segundo Rios, Torres e Azpilcueta (2017) teve um índice PFA de 2,02 kg [m-3], que em relação à média mundial de 1,216 kg m , deixa a maçã MT de Cuauhtemoc em uma boa posição, pois é 66% mais produtiva no uso da água do que a média mundial.

A maçã Cuauhtemoc produzida em condições BT e AT, de acordo com Rios, Torres e Azpilcueta (2017, *Op. Cit.*) teve índices de PFA diferentes da maçã MT, já que a primeira teve um índice de 0,91 kg [m-3], enquanto na segunda foi de 3.[-3-3] [21-][3]18 kg m , índices mais altos do que as maçãs correspondentes do estado de Durango, terceiro produtor a nível nacional, onde as maçãs BT e AT de Canatlan tiveram indicadores de 0,88 e 1,88 kg m, respetivamente, enquanto a maçã de Santiago Papasquiaro, Durango teve um PFA mais baixo (determinado por Navarrete *et al, 2017)* , igual a 0,52 kg m .

Relativamente à noz-pecã, Rios *et al* (2016)[20] , para a noz-pecã de Delicias, Chihuahua, em média, sem desagregar por tipo de irrigação (bombagem ou gravidade), ou seja, em geral, determinaram uma AFP de 0.[-322] [23] [-324-3]125 kg m , enquanto a

[20] **Rios-Flores, J.L., Torres M. M. e Azpilcueta RE, M. 2017**. Produtividade da água em macieiras produzidas em diferentes níveis de tecnificação em Cuauhtemoc, Chihuahua, México. Revista de Assuntos Económicos e Administrativos nº 32, primeiro semestre de 2017. ISSN 0124- 1133, Universidad de Manizales, Colômbia.pp.135-146

[21] **Navarrete, M, Cayetano, Azpilcueta RE, M., Rios F.J. L. e Torres-M, M. Antonio. 2017.** Produtividade da água agrícola na cultura da maçã (*Malus domestica Borkh*) produzida nos municípios de Santiago Papasquiaro e Canatlan Durango, México. 2017. No livro: Ciências Sociais: Economia e Humanidades. Variáveis macroeconómicas na produção agrícola. Compiladores: Perez-Soto, Francisco, Figueroa-Hernandes, Esther, Godinez-Montoya, Lucila e Salazar-Moreno, Raquel. ISBN 978-607-8534-29-6. Pp.93-106. Universidad Autonoma Chapingo, México. Disponível em: http://www.ecorfan.org/handbooks/

[22] **Rios-Flores, J. L., Torres M. M., Torres M. M. A. 2016**. Produtividade hídrica agrícola de árvores de noz-pecã no norte do México. Casos: Comarca Lagunera e Delicias, Chihuahua. Editorial Academica Espanola. ISBN 978-3-639-80166-8, Saarbrucken, Alemanha.

[23] **Rios-Flores, J: L., Navarrete, M. C. 2017**. A pegada de metal e a produtividade económica da água na nogueira pecan (Carya illinoensis) no sudoeste de Coahuila, México. Revista: Estudios de Economia Aplicada. Volume 35-3, setembro de 2017. ISSN 1133-3197. Associação Internacional de Economia Aplicada (ASEPELT), Espanha.

[24] **Rios-Flores, J. L., Ruiz Torres, Jose e Rios-Arredondo, Becky Elizabeth. 2018**. Produtividade económico-social da água na nogueira (*Carya illinoensis*). Estudo de caso: Produção de nozes no município de Torreon, Coahuila, México. Editorial Academica Espanola. ISBN 978-620-2- 13967-0. Beau Bassin, Maurícia

noz semelhante em geral (sem desagregá-la por tipo de irrigação) do sudoeste de Coahuila, Rios e Navarrete (2017) determinaram que o PFA dessa noz era de 0,06 kg m , enquanto a noz do município de Torreon, de acordo com Rios, Torres e Rios (2018) tinha um índice PFA na ordem de 0,064 kg m .

[25]De acordo com Hoekstra e Hung (2005), existem diferenças entre países em termos de eficiência hídrica na produção de nozes, por exemplo, enquanto o México utiliza 2.[3-1]811 m3 de água por tonelada de noz, noutros grandes países produtores de nozes, a Austrália utiliza 2,623 m ton, a Argentina 1.[3-1-1-113-13-13-1]702 m ton , África do Sul 2.759 m3 ton , Peru 2.077 m3 ton , Israel 949 m3 ton' , Brasil 2.087 m ton , Egipto 2.122 m ton , Estados Unidos 1.150 m ton .

[26-327-3]De acordo com Zamora e Rivas (2019) determinaram o PFA da tâmara de Comondu, BCS, igual a 0,103 kg m , enquanto a azeitona espanhola, de acordo com Montesinos *et al* (2011) teve um PFA de 0,29 kg m .

[-1]O inverso da AFP, a AFE, medida em litros de água por kg de produto, abreviadamente designada por L kg, é apresentada no quadro 4. [-1-1] Observa-se que as diferentes maçãs mencionadas nos parágrafos anteriores variaram entre o mínimo de 314 L kg (maçã de Cuauhtemoc, Chihuahua) e o máximo de 1.910 L kg (maçã de Santiago Papasquiaro, Durango), sendo a média mundial de 822 litros.

[328329]A coluna EAP do Quadro 4 mostra que a maçã produzida em diferentes níveis de tecnificação e nos diferentes locais

[25] **HOEKSTRA, A. Y. e HUNG, P.Q. (2005).** "Globalização dos recursos hídricos: fluxos internacionais de água virtual em relação ao comércio de culturas". Global Environmental Change, 15, pp. 4556.

[26] **Zamora, Ramirez, Anselmo & Rivas, L., Jose Antonio. 2019.** Produtividade física, económica e social da água utilizada na produção de datil (*Phoenix dactylifera L.*) irrigada por gravidade em Comondu, Baja california Sur. Tese profissional. Universidad Autonoma Chapingo, Unidad Regional Universitaria de Zonas Aridas. Bermejillo, Durango, México.

[27] **Montesinos, P.; Camacho, E.; Campos, B.; Rodriguez_Diaz. J. 2011.** Análise da água de rega virtual. Aplicação à gestão de recursos hídricos numa bacia hidrográfica mediterrânica. Gestão de Recursos Hídricos. 25(6): 1635-1651.

[28] Navarrete *et al*, 2017. *Op. cit.*

[29] Rios, Torres e Azpilcueta, 2017. *Op. cit.*

indicados, teve índices de produtividade económica da água muito diferenciados, variando entre 24.117 USD de lucro por hm como mínimo (na maçã de Santiago Papasquiaro, Durango), e 614.244 USD de lucro por hm como máximo (na maçã AT de Cuauhtemoc, Chihuahua) . [3]Visto como o seu inverso, o indicador anterior passa a ser o índice FSS, que indica quanta água foi necessária utilizar na produção para produzir um dólar de lucro, uma vez que os diferentes blocos variaram no seu índice FSS de um mínimo de 1,628 m3 por USD de lucro no caso do bloco AT em Cuauhtemoc, a um máximo de 41,465 m por USD de lucro no caso do bloco em Santiago Papasquiaro, Durango.

[30][31-332]No mesmo sentido, a nogueira pecan apresenta índices de ADP que vão de um mínimo de 10.921 dólares de lucro por hm3 no sudoeste de Coahuila, a um máximo de 52.359 dólares de lucro por hm em Delicias, Chihuahua, e, no meio, a nogueira com 29.785 dólares por hm em Torreon, Coahuila.

[3-33]As PEA, noutras árvores de fruto, como a tâmara da Baixa Califórnia (Zamora e Rivas, 2019, *Op. Cit.*), e a azeitona de Espanha (Montesinos *et al* , 2011, *Op. Cit.*), apresentam índices de PEA na ordem dos 83.000 USD de lucro por hm no caso da tâmara e 0,97 € m , equivalente a 1.065.739 USD por hm no caso da azeitona espanhola.

[3333]Ao nível da produção em geral, e não apenas da agricultura, o estado da Califórnia, segundo Fulton, Cooley e Gleick (2012) , caracteriza-se por um índice de 0,25 USD de valor de produção por m de água, equivalente a 250 USD de valor por hm .

---

[30] Rios e Navarrete, 2017. *Op. cit.*

[31] Rios, Torres e Torres, 2016. *Op. cit.*

[32] Rios, Ruiz e Rios, 2018. *Op. cit.*

[33] **Fulton, Julian; Cooley, Heather e Gleick, Peter H. 2012. California's Water Footprint (Pegada hídrica da Califórnia).** Pacific institute ISBN 1-893790-46-0 e ISBN 13-978-1-893790-46-9. Oakland, Califórnia. Disponível

e

m:

https://indicators.ucdavis.edu/water/files/California%20Water%20Footprint%202012%20Pacific%20Institute%20Fulton%20et%20al.pdf . último acesso: 9 de fevereiro de 2020.

[3-3] [34] A última, mas não menos importante, forma de produtividade da água, PSA, na Tabela 4, mostra que, entre as cultivares de maçã listadas no topo, o número de empregos associados ao uso de um hm de água usada na produção variou de um mínimo de 19,6 empregos hm na maçã MT de Cuauhtemoc, Chihuahua, a 38.[-335-3-33637-3]6 postos de trabalho hm no bloco AT produzido em Canatlan, Durango, sendo intermédios no seu índice PES o bloco AT de Cuauhtemoc, Chihuahua (com 22,7 postos de trabalho hm), o bloco BT de Canatlan, Durango (com 27,9 postos de trabalho hm) e o bloco de Santiago Papasquiaro com 26,9 postos de trabalho hm .

[3]O parágrafo anterior, visto agora na sua forma de índice de eficiência no uso da água utilizada na produção, ou seja, o inverso do índice de produtividade da água, aparece na última coluna do Quadro 4, de onde se pode ver que a quantidade de água utilizada na produção agrícola variou entre um mínimo de 25 907 m3 no bloco AT de Canatlan, Durango, e um máximo de 51 020 m3 no bloco AT de Cuauhtemoc, Chihuahua, Chihuahua, [3839]O índice de SWE de Canatlan, Durango, variou de um mínimo de 25 907 m3 no bloco AT de Canatlan, Durango, a um máximo de 51 020 m3 no bloco AT de Cuauhtemoc, Chihuahua , sendo os restantes blocos nacionais intermédios a estes extremos do índice de SWE.

[3]Os diferentes níveis de tecnificação são visíveis nos indicadores PES para a cultura da nogueira, uma vez que o número de postos de trabalho associados à utilização de um hm de água utilizada na produção variou entre 3.[40]9 empregos [hm-3] como mínimo na nogueira pecan média em Delicias, Chihuahua , uma das regiões mais tecnificadas na produção de nozes no México, isto é, sem desagregar o tipo de irrigação

[34] Rios, Torres e Azpilcueta, 2017. *Op. cit.*
[35] Rios *et al, 2015, op. cit.*
[36] Rios *et al*, 2015. *Op. cit.*
[37] Navarrete *et al, 2017.* Op. cit.
[38] Rios, Torres e Azpilcueta, 2017. *Op. cit.*
[39] Rios *et al*, 2015. *Op. cit.*
[40] Rios, Torres e Torres, 2016. *Op. cit.*

que lhe deu origem, até 17.[41][42]1 postos de trabalho hm como máximo na noz pecan produzida no município de Torreon, Coahuila , a nogueira do sudoeste de Coahuila , com 17,0 postos de trabalho hm é intermédia a estes índices PES extremos.

[41] Rios, Torres e Rios, 2018. *Op. cit.*
[42] Rios e Navarrete, 2017. *Op. cit.*

*IV.*MATERIAIS E MÉTODOS
IV.1. Localização da área de estudo

O estado livre e soberano de Chihuahua é um dos trinta e um estados que, juntamente com a Cidade do México, formam os trinta e dois estados da República Mexicana. [22]Com uma superfície de 247 455 km, é o maior estado em termos territoriais, mas com 13,77 habitantes por km é o terceiro estado menos povoado, à frente de Durango e Baja California Sur, sendo este último o estado menos povoado.

A norte, faz fronteira com os estados norte-americanos do Texas e do Novo México, a sul com o estado de Durango, a leste com o estado de Coahuila e a oeste principalmente com o estado de Sonora e uma pequena parte da sua fronteira nessa parte é com o estado de Sinaloa (ver figura 11).

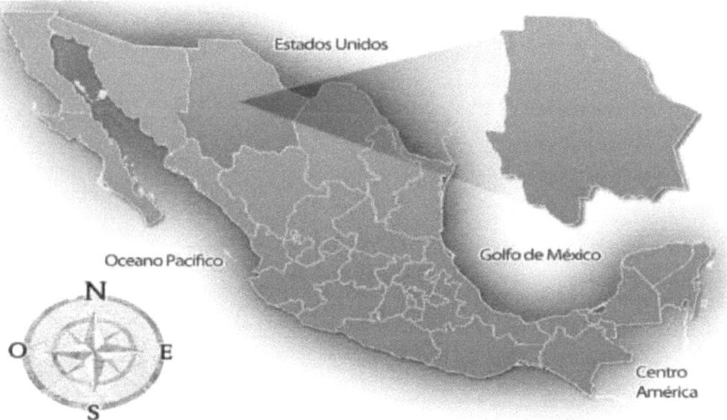

Figura 11. Localização do estado de Chihuahua nos Estados Unidos Mexicanos.

As coordenadas geográficas extremas do Estado são: 31° 48' de latitude norte, 25° 38' de latitude sul: 103° 18' de latitude este, 109° 07' de latitude oeste.

IV.2. Os modelos matemáticos utilizados e as fontes de que foram alimentados.

foram alimentados

[43][44] [45]Neste trabalho, foram utilizados os modelos matemáticos de Rios *et al* (2015 , 2017 e [2018]) apresentados na Tabela 5 para determinar o número de índices de produtividade física, económica e social da água utilizada na produção (PFA, PEA e PSA, respetivamente), bem como os índices de eficiência física, económica e social da água utilizada na produção (EFA, EEA e ESA, respetivamente).

Tabela 5: Modelos matemáticos utilizados para a edição da produtividade física (PFA), económica (PEA) e social (PSA) da água utilizada na produção

---

[43] **Rios-Flores, J. Luis, Torres M., Miriam, Castro F., Rafael, Torres M., M.A. Ruiz T. Jose. 2015.** Determinação da pegada Mdrica azul em culturas forrageiras da DR017 Comarca Lagunera, México. Rev. FCA UNCUYO, 2018. 47(1): 101-122, ISSN impressão 0370-4661. ISSN (online) 1853-8665, pp.93-107. Mendoza, Argentina.

[44] **Rios-Flores, J.Luis e Navarrete_Molina, C. (2017).** A pegada monetária e a produtividade económica da água na nogueira pecã (*Carya illinoensis)* no sudoeste de Coahuila, México. Revista: Estudios de Economia Aplicada. Volume 35-3, setembro de 2017. ISSN 1133-3197. Associação Internacional de Economia Aplicada (ASEPELT), Valência, Espanha.

[45] **Rfos-Flores, Jose Luis, Rios Arredondo, Becky Elizabeth, Cantu Brito, Jesus Enrique, Rios Arredondo, Hebrian Efrain, Armendariz Erives, Sigifredo, Chavez Rivero, Jose Antonio, Navarrete Molina, Cayetano & Castro Franco, Rafael (2018).** Analisis de la eficiencia ffsica, economica y social del agua en esparrago (*Asparagus officinalis L.)* y uva (*Vitis* vinifera) mesa del DR-037 Altar-Pitiquito-Caborca, Sonora, Mexico 2018. *Revista de la Facultad de Ciencias Agrarias. Universidade Nacional de Cuyo*, 50(2). ISSN na versão impressa 0370-4661, ISSN (online) 1853-8665. Mendoza, Argentina.

Variable	Modelo para un cultivo en lo individual	Modelo para un agregado grupal cultivos
1) PFA (en L kg⁻¹)	$Y = 10^{4} \cdot LRi \cdot (RFi \cdot ECi)^{-1}$	$y = \dfrac{10^{4}\ \sum_{i=1}^{n} S_i\ LR_i\ (EC_i)^{-1}}{\sum_{i=1}^{n} S_i\ RF_i}$
2) EFA (kg m³)	$Y = 10^{-1} \cdot RFi \cdot ECi \cdot LRi^{-1}$	$y = \dfrac{10^{-1}\ \sum_{i=1}^{n} S_i\ RF_i}{\sum_{i=1}^{n} S_i\ LR_i\ (EC_i)^{-1}}$
3) EEA (m³ USD de ganancia⁻¹)	$y = \dfrac{10^{4}\left(\dfrac{LR_i}{EC_i}\right)}{RF_i\left(\dfrac{P_i}{PC}\right) - \left(\dfrac{C_i}{PC}\right)}$	$y = \dfrac{10^{4}\ \sum_{i=1}^{n} S_i\ LR_i\ (EC_i)^{-1}}{\sum_{i=1}^{n} S_i\ ((RF_i\ p_i - C_i)/PC)}$
4) PEA (miles de USD de ganancia hm⁻³)	$y = 10^{2}\ g_i\ EC_i\ (LR_i)^{-1}$	$y = \dfrac{10^{2}\ \sum_{i=1}^{n} S_i\ g_i}{\sum_{i=1}^{n} S_i\ LR_i\ (EC_i)^{-1}}$
5) PSA (Empleos hm⁻³)	$y = \dfrac{25\ J_i}{72\ (LR_i/EC_i)}$	$y = \dfrac{25\ \sum_{i=1}^{n} S_i J_i}{72\ \sum_{i=1}^{n} S_i\ (LR_i/EC_i)}$
6) ESA (m³ empleo⁻¹)	$y = \dfrac{2.88 \cdot 10^{6}\ LR_i}{J_i\, EC_i}$	$y = \left(2.88 \cdot 10^{6}\right) \dfrac{\sum_{i=1}^{n} S_i (LR_i/EC_i)}{\sum_{i=1}^{n} S_i J_i}$

Fonte: Elaboração própria, com base nos modelos matemáticos que estimam PFA, PEA, PSA, EFA, EEA e ESA para uma cultura individual ou para agregados de culturas de Rios *et al* (2015 a) e Rios *et al* (2018).

O significado de cada uma das variáveis independentes de que dependem a AFP, a AEP, a AAP, a AFE, a AEA e a AEA, bem como a fonte de onde foram retiradas, são os seguintes

RFi = Rendimento físico da i-ésima cultura (em ton ha⁻¹). Onde RF = VBP/P; as fontes de VBP (Valor Bruto da Produção e S = área colhida (em ha) são do SIAP-SADER (2020). "Cierre agncola 2018". Disponível em https://nube.siap.gob.mx/cierreagricola/

LRi = Linha de irrigação da i-ésima cultura (em m). Fonte: [46]INIFAP- INIFAP-CENID-RASPA, 2006 .

---

[46] **INIFAP-CENID-RASPA. (2006).** *Programa de Irrigação.* [Acedido em: 1 de setembro de 2006 2019]. Disponível em: https://cenidraspa.org/serg/serg_v1.php

ECi = Eficiência de condução hidráulica da i-ésima cultura. 0 < EC < 1 (Fonte: INIFAP.CENID-RASPA, 2006 *Op. Cit.*).

Si = Superfície colhida da i-ésima cultura (em ha). Fonte: SIAP-SADER (2019). Fonte: SIAP-SADER (2018 *Op. Cit.*).

$^{-1}$pi = Preço do produto da i-ésima cultura (em MX$ tonelada). Onde pi = VBPi/Pi, as fontes de VBP (Valor Bruto da Produção) e P = produção física anual (em toneladas) são do SIAP-SADER (2018 *Op. Cit.*).

CP = Taxa de câmbio, pesos mexicanos (MX$) por USD. Fonte: Conversor de moeda: disponível em: https://www.xe.com/es/currencyconverter/convert/?Amount =1&From=USD&To=MXN

$^{-1}$Ci = Custo de produção por hectare da i-ésima cultura (em MX$). Fonte: FIRA (2018, "Agrocost", disponível em: https://www.fira.gob.mx/Nd/Agrocostos.jsp)

$^{-1}$gi = Ui = Lucro por hectare da i-ésima cultura (em US$ ha) = RFi(pi/PC)-(Ci/PC).

Ji = Número de dias investidos por hectare na i-ésima cultura. Fontes: FIRA (2018, "Agrocost", disponível em: https://www.fira.gob.mx/Nd/Agrocostos.jsp).

i = i-ésima cultura sob uma forma particular de irrigação (bombeamento, gravidade, irrigação por gotejamento, irrigação por aspersão, etc.).

288 = Número de dias de trabalho por ano por trabalhador = 6 dias de trabalho por semana, vezes 48 semanas por ano.

IV.3. Delimitação geográfica e significado das abreviaturas

Os dados sobre a área colhida, a produção e o valor da produção para a noz pecã MT e a maçã MT, apresentados no quadro 7, provêm das DDR, das CADER e dos municípios apresentados no anexo 1.

Significado das seguintes abreviaturas utilizadas neste trabalho:

LV, MV e HV: significam literalmente Baixa Utilização de Tecnologia, Média Utilização de Tecnologia e Alta Utilização de

Tecnologia.

DR: Distrito de Irrigação

DDR: Distrito de Desenvolvimento Rural

CADER: Centro de Apoio ao Desenvolvimento Rural

m3: metro cúbico

hm3: hectómetro cúbico = um milhão de metros cúbicos

USD: Dólar americano

MUSD: Milhões de dólares americanos

MX$: Peso mexicano

V. RESULTADOS E DISCUSSÃO.

V.1. Indicadores de rentabilidade e produtividade e eficiência da água utilizada na produção de maçã MT e noz MT em Chihuahua.

O quadro 6 regista os custos de produção por hectare para a noz MT e a maçã MT, em média, para todo o estado de Chihuahua. A partir deste quadro, verifica-se que o custo total é composto por dois tipos de custos: custos de exploração e outros custos. Os custos de exploração, por sua vez, dividem-se em preparação da terra, fertilização, trabalhos culturais, controlo de pragas e ervas daninhas, irrigação, colheita e diversos, enquanto os "outros custos" se dividem em renda da terra, custos financeiros e depreciação de máquinas e equipamentos.

O custo total de cada cultura foi de MX$ 139.376/ha (equivalente a USD 7.225 por ha) no caso da maçã MT e de MX$ 109.998 (equivalente a USD 5.702 por ha) no caso da noz MT. O peso percentual dos custos operacionais e dos outros custos foi diferente em cada cultura, pois na maçã MT, dos USD 7.225 por ha, 70,5% (USD 5.096) foram em custos operacionais e 29,5% (USD 2.129) em outros custos, enquanto que no caso da noz MT, dos USD 5.702 por ha de custo total, 65,4% (USD 3.727) foram em custos operacionais e 34,6% (USD 1.975) em outros custos (ver tabela 6). O custo total por ha na maçã MT foi 79% superior ao da noz MT.

O peso percentual de cada item dentro do custo total por hectare, difere em cada cultura, assim^ por exemplo, muito particularmente para o item irrigação, dada a natureza deste trabalho sobre produtividade e eficiência da água utilizada na produção, observa-se na tabela 6 que com MX$ 9.072 e MX$ 16.115 respetivamente para maçã MT e nogueira MT, o custo da água utilizada na produção representou 6.5 e 14,7%, respetivamente, sugerindo que, em termos absolutos, o produtor de noz MT gastou 78% mais em água utilizada na produção por hectare do que o produtor de maçã MT.

Tabela 6. Custos de produção por hectare em pecan e macieiras produzidas em condições de uso médio de tecnologia (MT) em Chihuahua, México, 2018.

Tipo de custo	Apple MT		Pecan noz MT	
Custos de funcionamento	Custo (MX$/ha)	Salário diário	Custo (MX$/ha)	Salário diário
Preparação do terreno			$2,394	
Fertilização	$11,204		$17,320	
Trabalho cultural	$57,564		$8,904	
Controlo de pragas e ervas daninhas	$13,108		$9,706	
Irrigação	$9,072	0.9	$16,115	
Colheita	$5,914	18	$14,160	
Diversos	$1,440		$3,300	
Subtotal das despesas de funcionamento	**$98,302**		**$71,899**	
Subtotal das despesas de funcionamento	**$5,096**		**$3,727**	
Outros custos:				
Aluguer de terrenos	$30,000		$30,000	
Custo financeiro	$9,108		$6,661	
Depreciação de máquinas e equipamentos	$1,966		$1,438	
Subtotal outros custos	**$41,074**		**$38,099**	
Subtotal outros custos	**$2,129**		**$1,975**	
CUSTO TOTAL (MX$)/ha	**$139,376**	60.9	**$109,998**	
CUSTO TOTAL (USD)/ha	**$7,225**		**$5,702**	
[3]	9000		11000	
Horas/ha		487.2		
[3]Custo da água (MX$/m)	$1.008		$1.465	
[3]Custo da água (USD/m)	$0.052		$0.076	
taxa de câmbio peso-USD	19.29			

Fonte: **Elaboração própria:** Elaboração própria, os custos operacionais têm como fonte os custos de produção da AGROFIRME SA de CV SOFOM ENR e os "outros custos" de renda de terra e custo financeiro dos custos de produção da FIRA em sua página da AGROCOSTOS, a depreciação foi tomada com base no Prontuário Fiscal 2019, à taxa de 2,5% dos custos operacionais.

Percentualmente, de acordo com o quadro 6, o custo mais caro foi o dos trabalhos culturais, com 41% do custo total por hectare, seguido de longe, em segundo lugar, pela adubação, com 8%, enquanto na nogueira MT o mais caro foi a adubação, com 16% do custo total, e em segundo lugar a irrigação, com 14,7% do custo total por ha.

Refira-se que os custos de produção por hectare do FIRA, no seu portal "Agrocusto", são apenas compostos pelos custos de exploração, não incluindo a renda da terra, os custos financeiros ou a depreciação de máquinas e equipamentos, pelo que considerámos necessário, para determinar uma rentabilidade o mais próxima possível da realidade, adicionar estes outros custos, que foram precisamente designados por "outros custos" no quadro 6: "outros custos", pois de outra forma ter-se-ia obtido uma rentabilidade artificialmente elevada (medida pelo Rácio Lucro/Custo), não reflectindo assim a realidade do produtor.

O quadro 6, do nosso ponto de vista, determina o custo total por hectare a partir de três perspectivas: a monetária, que já foi discutida, a que fala do investimento de tempo de trabalho por hectare e a que sugere um terceiro tipo de custo, o "custo da água", ou seja, a quantidade de água que foi necessário utilizar à escala comercial para obter a quantidade de produto físico que, multiplicada pelo preço, se torna o rendimento por hectare, que, por sua vez, se se subtrair o custo monetário, produz o lucro monetário por hectare.

Assim, do ponto de vista da quantidade de mão de obra necessária para investir por hectare, a tabela 6 mostra que foram necessários 60,9 dias de trabalho (assume-se que um dia de trabalho corresponde a 8 horas de trabalho) na maçã MT e 28 dias de trabalho na noz MT, o que em termos de horas de trabalho equivale a 487,2 horas de trabalho social médio investido por hectare na maçã MT e 224 horas de trabalho social médio investido na noz MT.

[3]No mesmo sentido, e do ponto de vista do "custo da água", a tabela 6 mostra que foram utilizados 9.000 m3 de água por hectare na maçã MT e 11.000 m de água por hectare na noz MT, pelo que, ao dividir a rubrica de rega por este volume de

água, obtemos o indicador que estima o custo por m3 de água utilizado na produção indicado na parte inferior da tabela 6, tabela que mostra que para o produtor de maçã MT custou em média USD 0.$^{3-3}$052 por m de água (equivalente a MX$ 1,008 m) enquanto o mesmo volume de água custou ao produtor de nozes USD 0,076 (equivalente a MX$ 1,465), 45% mais caro que o produtor de maçã MT.

O quadro 8 apresenta os valores de produção, rentabilidade e utilização de água e mão de obra para as culturas de noz MT e maçã MT no estado de Chihuahua em 2018.

Tabela 7. Produção, rentabilidade, uso de água e tempo de trabalho na produção de maçã MT e noz-pecã MT no estado de Chihuahua, México, 2018.

Variável	Apple MT	Nogueira MT	Ambas as culturas	Noz/maçã
Área colhida (ha)	16,600.01	18,776.84	35,376.85	1.13
Produção anual (ton)	340,860.55	31,280.36	372,140.91	0.09
VBP (MMX$)	$4,099.19	$2,571.01	$6,670.21	0.63
VBP (THUS$)	$212.50	$133.28	$345.79	0.63
Rendimento (ton)/ha	20.534	1.666	10.519	0.08
PMR (MX$/tonelada)	$12,026	$82,193	$17,924	6.83
PMR (USD/tonelada)	$623	$4,261	$929	6.83
Rendimento (MX$)/ha	$246,939.20	$136,924.66	$188,547.19	0.55
Rendimento (uSD)/ha	$12,801.41	$7,098.22	$9,774.35	0.55
Custos de exploração (MX$)/ha	$98,302.00	$71,899.00	$84,288.18	0.73
Custos de exploração (USD)/ha	$5,096	$3,727	$4,370	0.73
Lucro operacional (MX$/ha)	$148,637.20	$65,025.66	$104,259.01	0.44
Lucro operacional (USD/ha)	$7,705.40	$3,370.95	$5,404.82	0.44
Custo total (MX$)/ha	$139,376	$109,998	123,783.24	0.79
Custo total (USD)/ha	$7,225	$5,702	6,417	0.79
Lucro bruto (MX$/ha)	$107,563.47	$26,926.24	$64,763.95	0.25
Lucro bruto (USD/ha)	$5,576.13	$1,395.87	$3,357.38	0.25
RB/C com custos operacionais	2.51	1.90	2.24	0.76
RB/C a custo total	1.77	1.24	1.52	0.70
^{3}hm de água consumida em a totalidade da superfície colhida	149.40	206.55	355.95	1.38
Lucro bruto de toda a área colhida (MUSD)	$92.56	$26.21	$118.77	0.28
Dias de trabalho em toda a área colhida	1,010,941	525,752	1,536,692	0.52
Empregos equivalentes	3,510	1,826	5,336	0.52
Investimento de capital em toda a área colhida (MUSD)	$119.94	$107.07	$227.01	0.89

Fonte: Elaboração própria, com base nos dados do "Cierre agncola 2018" do SIAP e no quadro 6. MX$= Pesos mexicanos. MUSD = Milhões de dólares americanos.

[47]Esta fonte indica que em 2018 foram colhidos um total de 35.376,85 ha de ambas as culturas, produzindo um volume conjunto de 372.140,91 toneladas, que tiveram um valor de mercado de MUSD 345,79; desagregados os valores acima, verifica-se que a área total indicada se reparte em 18.776.84 ha de noz MT (53,1%) e 16.600,01 ha (46,9%) de maçã MT; das 362.130,91 toneladas produzidas, 340.860,55 toneladas (91,6%) foram de maçã e 31.280,36 toneladas (8,4%) de noz; enquanto que de cada um dos MUSD 345,79 de valor conjunto gerado, 61,5% foi contribuído pela maçã e 38,5% pela noz. Ver quadro 7.

O lucro bruto por hectare ascendeu a 5.576,13 USD na maçã MT e a 1.395,87 USD na noz MT, o que se traduziu, dado o seu rendimento por hectare, num BR/C de 1,77 e 1,24, respetivamente, o que sugere que, embora ambos os BR/C tenham sido bons, pois ambos se situaram acima da unidade, foi muito melhor na maçã MT do que na noz MT, pois enquanto na noz foi possível recuperar cada USD investido na produção e um excedente adicional de 0,24 USD sob a forma de lucro bruto antes de impostos, na maçã foi muito melhor, pois foi possível recuperar cada USD investido na produção, mas também obteve um lucro igual a 0,77 USD.24 sob a forma de lucro bruto antes de impostos, na maçã o indicador RB/C foi muito melhor, pois foi possível recuperar cada USD investido na produção, mas também obteve um lucro igual a USD 0,77; o acima exposto, sob a forma de taxa de lucro, sugere um lucro médio da ordem de 24% na noz e da ordem de 77% na maçã. Ver quadro 7.

Toda a área colhida de ambas as culturas, de acordo com a tabela 7, produziu uma massa de lucro igual a MUSD 118,77, dos quais MUSD 92,56 (77,9%) foram gerados pela maçã MT e

---

[47] MUSD, iniciais em milhões de dólares americanos.

MUSD 26,21 (22,1%) pela noz MT, ora, para produzir essa massa de lucro, ambas as culturas utilizaram na produção um total de 355.^{3333}95 milhões de m de água, ou seja, 355,95 hm , dos quais, a maçã MT usou 42% (149,40 hm) e a noz os restantes 58% (206,55 hm), também, dos 5.336 empregos que foram gerados conjuntamente na produção de ambas as frutas, a maçã MT contribuiu com 65,8% (3.510 empregos) e a noz os restantes 34,2% (1.826 empregos). O exposto sugere que a nogueira teve pouca eficiência macroeconómica na utilização dos recursos solo, água e capital na produção, uma vez que com 53% do solo utilizado conjuntamente pelas duas culturas, 58% de toda a água utilizada conjuntamente pelas duas culturas e 47% de todo o capital investido na produção dos dois frutos, gerou apenas 39% do VBP conjunto, Enquanto a maçã MT se comportou de forma eficiente na utilização dos escassos recursos de solo, água e capital, pois com 47% do solo utilizado conjuntamente por ambas as culturas, 42% de toda a água utilizada por ambas as culturas e 53% do capital investido conjuntamente (igual a MUSD 227.01) foram alcançados os objectivos de gerar 61% do VBP conjunto, 78% da massa conjunta de lucros e 66% de todo o emprego conjunto gerado por ambas as culturas. Ver quadros 7 e 8.

Tabela 8. Eficiência macroeconómica da utilização de recursos hídricos, do solo e de capital em relação ao VPP, aos lucros e ao emprego obtidos com a utilização desses recursos na produção de maçã MT e de noz MT em Chihuahua, México, 2018.

Uso de recursos:	Manzana MT	Nogal MT	Ambos
Suelo	47%	53%	100%
Agua	42%	58%	100%
Capital	53%	47%	100%
Objetivos logrados:			
VBP	61%	39%	100%
Ganancias	78%	22%	100%
Empleo	66%	34%	100%

Fonte: Elaboração própria, com base no quadro 7.

Isto sugere que a água, o solo e o capital são bens escassos, especialmente a água doce disponível para uso humano, que representa apenas 0,26% da quantidade total de água disponível para uso humano, que representa apenas 0,26% da quantidade total de água disponível para uso humano, que representa apenas 0,26% da quantidade total de água disponível para uso humano, que representa apenas 0,26% da quantidade total de água disponível para uso humano.

de toda a água do planeta deve ser utilizada de forma mais eficiente, mais produtiva nas nogueiras, o que é possível conseguir não só através de grandes e difíceis mudanças, como o melhoramento genético das variedades, ou de melhorias tecnológicas extremamente difíceis de alcançar na irrigação, não. bastam pequenas e aparentemente insignificantes modificações, por exemplo, a monda oportuna e oportuna, a limpeza dos canais de irrigação, a aplicação de insecticidas, fertilizantes e agroquímicos, Por vezes, bastam pequenas e aparentemente insignificantes modificações, por exemplo, mondas oportunas e oportunas, limpeza dos canais de irrigação, aplicação de insecticidas, fertilizantes e agroquímicos em geral nos momentos mais favoráveis e não quando as pragas já ultrapassaram o limiar economicamente viável, mondas adequadas, etc.
Em termos de produtividade marginal da água, dividindo as percentagens de contribuição correspondentes, obtém-se que
No caso da noz MT, por cada 1% do volume total combinado de água utilizada, a noz MT contribuiu com 0,38% e a maçã MT com 1,86% dos ganhos totais combinados, e por cada 1% do volume total combinado de água utilizada, a noz MT gerou 0,59% do emprego total combinado, enquanto a maçã MT gerou 1,567% do emprego total combinado (tabela 8).
O quadro 9 é a parte mais importante deste documento, uma vez que contém os números de índice da produtividade física,

económica e social e da eficiência da água utilizada na produção de maçã MT e de noz MT em Chihuahua, México, em 2018.

Tabela 9. Produtividade física, económica e social e eficiência da água utilizada na produção de maçã MT e <u>noz MT em Chihuahua, México, 2018.</u>

Variável	Unidadesa	) Maçã MT	b) Noz MT	c)= a/b
Eficiência (E) e produtividade (P) física (F) da água (A) utilizada na produção				
AAE	Litros de água/kg	438	6,603	0.066
PFA	^{3} kg m^3	2.28	0.15	15.065
Eficiência económica (E) e produtividade (P) da água (A) utilizada na produção				
EEE	^{3}m de água utilizada por Lucro em USD	1.61	7.88	0.205
PAA	^{3}Lucro em USD por m de água utilizada na produção	$0.62	$0.13	4.88
Eficiência (E) e produtividade social (P) da água (A) utilizada na produção				
AEE	^{3}m de água utilizada por emprego gerado	42,562	113,143	0.376
PSA	Empregos gerados pela hm^3	23	9	2.66
Preços da água	USD por m^3	$0.052	$0.076	

Fonte: Elaboração própria com base nos quadros 6 e 7.

Horizontalmente, o quadro 9 está dividido em três partes: a primeira parte contém os indicadores da eficiência física e da produtividade da água utilizada na produção, a parte central apresenta os números de índice da eficiência económica e da produtividade da água utilizada na produção e a terceira parte refere-se aos indicadores da eficiência social e da produtividade da água utilizada na produção.

Nesse sentido, a parte superior da tabela 9 sugere, de acordo com o indicador EFA (eficiência física da água), que a produção de um kg de noz utilizou em média 6.603 litros de água em Chihuahua nos pomares de nogueira de uso médio tecnológico, enquanto a produção desse mesmo kg, mas a partir da maçã produzida nos pomares de uso médio tecnológico, utilizou apenas 438 litros de água. Isto sugere que a produção de um kg de biomassa na maçã MT utiliza apenas 6,6% do volume de água utilizado na nogueira MT para produzir o mesmo kg de biomassa.

[3]Em termos de produtividade física da água (PFA), a tabela 9 mostra indicadores de 0,15 e 2,28 kg por m de água na produção de noz MT e maçã MT, respetivamente, o que sugere que a maçã produz 15,065 vezes mais biomassa por unidade volumétrica de água do que a noz pecã, ou visto de outra forma, que a produtividade física da água da noz MT é apenas 6,6% da produtividade física da água da maçã MT.

[33]Relativamente à produtividade e eficiência económica da água utilizada na produção, a Tabela 9 mostra que a utilização do mesmo volume de água, um hm , produziu 619.570 USD (equivalente a 0,62 USD de lucro por m) na maçã MT e 126.897 USD (equivalente a 0,13 USD de lucro por m3) na noz MT.13 lucro por m3) na noz MT, de onde se deduz que a produtividade da água, em termos económicos, é na maçã MT 4,88 vezes o nível de produtividade alcançado pela noz MT, ou visto de outra forma, que a água da noz MT, em termos económicos, produz apenas 20,5% do lucro que o mesmo volume de água produz na maçã MT.

[33]Em termos de eficiência económica da água, os indicadores do IEEA no quadro 9 mostram que a produção de um dólar americano de lucro implicou a utilização de 1,61 m no caso da maçã MT e de 7,88 m no caso da noz MT. Isto indica que existe uma maior eficiência económica da água na cultura da maçã MT, uma vez que nesta cultura, para produzir um dólar americano de lucro, é utilizado apenas um quinto, ou seja, 20,5% do volume de água utilizado na noz MT para produzir o mesmo dólar americano de lucro.

[333]Na sua parte inferior, a tabela 9 mostra que a produtividade social da água utilizada na produção gerou 23 empregos por hm na maçã MT e apenas 9 empregos por hm na noz MT, ou seja, na noz MT, a água é utilizada de forma menos produtiva em termos sociais, pois o mesmo volume de água, um hm , produz apenas 37.6% do emprego que o mesmo volume de

água gera na maçã MT, o que visto da perspetiva da maçã MT sugere que esta cultura produz 1,66 vezes (o indicador é 2,66 = 1 + 1,66) mais emprego do que o produzido pela noz MT ao utilizar o mesmo volume de água na produção.

[33]A produção de um posto de trabalho, no caso da nogueira, teve um "custo" de 113.143 m de água, enquanto que a produção do mesmo posto de trabalho na maçã MT implicou um investimento de apenas 42.562 m de água, ou seja, com a quantidade de água utilizada na nogueira MT para produzir um posto de trabalho, foram produzidos 2,66 postos de trabalho na maçã MT, conforme tabela 9.

5.2 Discussão

O preço da água é extremamente importante, uma vez que se trata de um bem aparentemente infinito, quando na realidade a água é extremamente escassa, pelo que quando o preço de um bem é muito baixo, o produtor não faz um uso eficiente desse bem aparentemente infinito. [48]O preço da água é um indicador mais social do que económico, embora indique quanto custa a água ao produtor agrícola, e, na realidade, é um indicador de natureza eminentemente social, uma vez que a água é um recurso extremamente limitado e, até à data, a água, de acordo com a Constituição dos Estados Unidos Mexicanos, pertence a toda a sociedade, No entanto, este recurso social é utilizado de forma privada pelos produtores agrícolas, pecuários e industriais, pelo que, de facto, se verifica uma apropriação privada dos lucros gerados com um recurso que não pertence ao produtor, mas que pertence, pelo menos legalmente, a toda a sociedade.

[3-3-3]Em relação ao preço por m de água utilizada na produção, recorde-se que este preço em Chihuahua ascendeu a 0,076 m USD e 0,052 m USD em noz pecan MT e maçã MT, respetivamente, sendo o preço da noz em Chihuahua muito

---

[48] O preço da água apresentado no quadro 10 é obtido dividindo o montante da rubrica de custos de irrigação (no âmbito dos custos por hectare) pelo volume de água utilizado por hectare.

semelhante ao preço da água noutra árvore de fruto, a uva, uma vez que o seu preço foi semelhante a 0,075 USD e 0,070 USD por m para as culturas de uva industrial e uva de mesa produzidas em Coahuila (de acordo com Carrillo, 2019).[3][49]070 por m para as culturas de uva industrial e uva de mesa produzidas em Coahuila (de acordo com Carrillo, 2019) e Caborca, Sonora (de acordo com Rios *et al, 2018, Op. Cit.*[503]), respetivamente, de todas as outras culturas em relação às quais o preço da água na noz pecan de Chihuahua é contrastado no Quadro 10, depois das duas vinhas já mencionadas, apenas a maçã MT analisada neste trabalho é a que mais se aproxima, como já referido, com um preço de 0,052 USD por m de água utilizada na produção.

[51-3-3-3]O preço por metro cúbico de água utilizada na agricultura noutras regiões agrícolas do mundo, como, por exemplo, Gleick (2000) observa que os agricultores nos Estados Unidos pagam, em média, um preço de 0,05 milhões de dólares pela água utilizada na irrigação agrícola, enquanto o sector público americano, observa o autor, paga um montante que varia entre 0,30 e 0,80 milhões de dólares pela água tratada para uso pessoal.

O paradoxo ou tragédia dos bens comuns, tal como apontado pela ciência económica, mostra que quando os recursos são de uso comum e não têm preço, tendem a não ser utilizados de forma eficiente ou produtiva, pelo que o preço da água, em princípio, deve existir, em segundo lugar, deve ter um preço que obrigue o produtor que utiliza essa água a utilizá-la da

---

[49] **Carrillo, C. J. 2019**. Produtividade económico-social da água na videira irrigada por gotejamento (*Vitis vinifera)* em Coahuila, México. Tese profissional. Unidade Regional Universitária de Zonas Aridas, Universidade Autónoma de Chapingo. Bermejillo, Durango, México.

[50] **Rfos-Flores, Jose Luis, Rios Arredondo, Becky Elizabeth, Cantu Brito, Jesus Enrique, Rios Arredodndo, Hebrian Efrain, Armendariz Erives, Sigifredo, Chavez Rivero, Jose Antonio, Navarrete Molina, Cayetano & Castro Franco, Rafael (2018)**. Análise da eficiência física, econômica e social da água na mesa de espargos (*Asparagus officinalis L.)* e uvas (*Vitis* vinifera) da DR-037 Altar-Pitiquito-Caborca, Sonora, México 2018. *Revista de la Facultad de Ciencias Agrarias. Universidade Nacional de Cuyo*, 50(2). ISSN na versão impressa 0370-4661, ISSN (online) 1853-8665. Mendoza, Argentina.

[51] **Gleick (2000)**. The World's Water, 2000-2001: The Biennial Report on Freshwater Resources. Washington, DC. Islan Press, 2000. 335p.

forma mais eficiente e produtiva, Assim, autores como Takele e Kallenbach (2001)[50] salientam que o preço da água é importante para melhorar a procura e a conservação deste recurso escasso, mas há também exemplos a nível mundial de que o recurso não é valorizado como um recurso finito. [52]

[53]Num estudo que abrangeu os agricultores da importantíssima região do Imperial Valley, no estado norte-americano da Califórnia, uma região caracterizada como o principal fornecedor de produtos hortícolas para todo o território dos Estados Unidos da América, Murphy (2003) verificou que os agricultores desta região agrícola pagam, em média, apenas 15,50 dólares por cada 1.200 m3 (1.200 m3) de água.$^{-3}$Da mesma forma, para um dos distritos de irrigação mais importantes do México, DR017, localizado no norte do país, em La Comarca Lagunera, Rfos *et al,* $^{-354-3}$(2015 *op. cit*), determinaram um preço médio ponderado da água nas principais culturas forrageiras, da ordem de US$0,02 m , enquanto que, o mesmo autor, noutro trabalho, e para a região do Vale de Mexicali, determinou um preço médio ponderado da água de rega igual a $0,19 m .

Considerando alguma referência para os números acima, por exemplo, o preço médio de mercado de um litro de água engarrafada, MX$10 (equivalente a = US$ 541.$^{-3}$24 m), indica que, em princípio, seja qual for a origem do produtor agrícola, o valor atribuído ao m3 de água utilizado para irrigação está quase tendendo a um preço igual a zero, já que no caso do Vale Imperial da Califórnia, no caso das forrageiras DR017 e no caso do trigo no Vale de Mexicali, representa apenas 0.0022%, 0,0000369% e 0,035% do preço pago pelo

[52] **Takele, E. e Kallenbach, R. (2001).** Analysis of the Impact of Alfalfa Forage Production under Summer Water-Limiting Circumstances on Productivity, Agricultural and Growers Returns and Plant Stand. Journal of Agronomy and Crop Science, 187 (1): 41-46.

[53] **Murphy D.E. (2003).** Pela primeira vez, os EUA impõem limites à sede da Califórnia. New York Times, 5 de janeiro. 1- 16 p.

[54] **Rfos, F. J. L., Torres, M. M., Ruiz, T. J. e Torres, M. M. A. (2016).** Eficiência da água de irrigação e produtividade em trigo (Triticum vulgare) dos vales de Ensenada e Mexicali, Baja California, México. Ata Universitaria 26(1): 20-29.

consumidor pela água engarrafada, o que leva *necessariamente* o agricultor a pensar que o recurso água não tem qualquer valor, pelo que se subestima a importância de uma utilização eficiente da água, aproveitando ao máximo cada gota de água utilizada na produção agrícola. Isto não deve ser mal interpretado, não se deve pensar que o agricultor deve ser punido com preços excessivos da água, não, porque a produção de alimentos pelo sector agrícola é, sem dúvida, um ramo *estratégico* de produção que garante *a segurança alimentar*, aliás, à produção agrícola pode ser atribuído o carácter de *segurança nacional*, mas isso não significa que a agricultura não deva ser obrigada a ser eficiente na utilização da água, para ser sustentável a longo prazo.

Quadro 10. Preço da água utilizada na produção de algumas culturas

Cultura/localização	Relatado pelo autor		Autor
Produto	Preço/m3	Unidades	Trabalho
Nogal MT, Chihuahua	$0.076	USD/m3	Este trabalho
Manzana MT, Chihuahua	$0.052	USD/m3	Este trabalho
Manzana BT, Canatlan, Dgo.	0.02	USD/m3	Rios *et al*, 2015
Manzana AT, Canatlan, Dgo.	0.02	USD/m3	Rios *et al*, 2015
Pecan noz média B e G, Delicias, Chih.	MX$ 0,55/m^3 (=USD 0.037/m3)		Rios, Torres e Torres,2016
Pecan walnut average em B e G, Southwest Coah.	$0.0119	USD/m3	Rios e Navarrete, 2017
Noz-pecã, Torreon, Coah.	$0.016	USD/m3	Rios, Ruiz e Rios, 2018.
Datil	$0.008	USD/m3	Zamora e Rivas, 2019
Vid, Caborca, filho.	$0.070	USD/m3	Rios *et al, 2018*
Vid, Coahuila	$0.075	USD/m3	Carrillo, 2019
Abacate, Patzcuaro, Mich.	$0.012	USD/m3	Rios, Ruiz e Azpilcueta, 2018

Fonte: Elaboração própria. B = irrigação por bombagem G = irrigação por gravidade

[3]O preço por m3 de água utilizado na produção das restantes culturas indicado na tabela 10 está longe do preço da água, não só na cultura da noz MT, mas também na maçã MT do estado de Chihuahua, uma vez que na maçã BT e AT de Canatlan, Durango, o preço da água, segundo Rios *et al, 2015 (Op. Cit.)* foi de USD 0,02 m em ambas as maçãs (ver tabela

10).

[55,56,57]No mesmo sentido, nas nogueiras pecan em Chihuahua, sudoeste de Coahuila e Torreon, Coahuila, com USD 0,037 (equivalente a MX$ 0,55) , USD 0,0119 e USD 0,016 o m de água usado na produção, respetivamente, resulta em apenas 48,6%, 16,7% e 21,1% do preço da água pago pelo agricultor de nogueira pecan de MT em Chihuahua (ver tabela 10).

[55,58,59]Finalmente, em relação a outras árvores de fruto, como a tâmara (*Phoenix dactylifera*) produzida em Comondu, Baja California Sur e o abacate (*Persea americana Miller*) do estado de Michoacan, culturas em que o preço médio por metro cúbico de água utilizada na produção foi igual a 0,008 USD e 0,012 USD, respetivamente, são preços da água muito baixos em relação ao preço da água para a noz MT e a maçã MT do estado de Chihuahua.012, respetivamente, são preços da água muito baixos em relação ao preço da água para a noz MT e a maçã MT do Estado de Chihuahua, mas é de notar que, no caso da tâmara, se trata de água de rega por gravidade, Não é um preço de água subterrânea, muito menos de qualquer tipo de irrigação especializada, enquanto no caso do abacate, é água subterrânea, sim, mas de irrigação tradicional, ou seja, uma vez extraída do subsolo, foi irrigada por gravidade até ao pomar, razão pela qual são preços de água relativamente baixos.

Pedroza *et al,* [2014,58] , determinou que a alfafa e a forragem ma^z irrigadas com água subterrânea por bombeamento tradicional em La Laguna, tinham um preço da água igual a MX$ 0,42 e MX$ 0,45, preços que trazidos a valor presente em

---

[55] Rios, Torres e Torres, 2016. *Op. cit.*

[56] Rios e Navarrete, 2017. *Op. cit.*

[57] Rios, Ruiz e Rios, 2018. *Op. cit.*

[58] **Zamora, R., A. & Rivas, L., J. A. 2019.** Produtividade física, económica e social da água utilizada na produção de datil (*Phoenix dactylifera L.*) irrigada por gravidade em Comondu, Baja california Sur. Tese profissional. Universidade Autonoma Chapingo, Unidad Regional Universitaria de Zonas Aridas. Bermejillo, Durango, México.

[59] **Rios-Flores. J. L., Ruis Torres, J., Azpilcueta Ruiz Esparza, M. de J. 2019.** Produtividade econômico-social da água no cultivo de abacate. O caso da produção em Michoacan, México. Editorial Academico Espanola. ISBN 978-3-639-53183-1. Beau Bassin, Maurícia.

pesos constantes de 2018 usando uma taxa de inflação de 3% de aumento anual nos preços e à taxa de câmbio considerada neste estudo, igual a MX$ 19,29 por USD, rendem USD 0.[-] [3]0252 e USD 0,0270 por m3, respetivamente, consistentes com os preços da água indicados no Quadro 10, semelhantes aos MX$ 0,19 m (equivalentes a USD 0.[360 6162-3]012 m) relatado por Rios *et al* (2016 a) para o preço da água na cultura do trigo produzido em San Luis Rio Colorado, Sonora; entre as forrageiras em DR017 de La Comarca Lagunera, o preço médio da água, de acordo com Rios *et al,* 2015 , foi de USD 0,02 m .

Os dados sobre a produtividade e a eficiência da água, em termos físicos, económicos e sociais, ou seja, os dados PFA, PEA e PSA, bem como os dados EFA, EEA e ESA já mencionados no capítulo Revisão da Literatura, são apresentados de forma esquemática e resumida, e são contrastados com os resultados encontrados neste estudo para a nogueira MT e a maçã MT no estado de Chihuahua, que são apresentados no quadro 11.

[3-3-3]Assim, o quadro 11 mostra que a PFA, para efeitos de comparação e contraste, é apresentada já normalizada para as mesmas unidades de medida: kg de produto físico produzido por m de água utilizada na produção, ou simplesmente abreviada como kg m , que assume a forma de referência no caso da cultura da maçã MT de Chihuahua, pelo que os seus 2,28 kg m são considerados como a unidade em relação à qual

[60] **Pedroza Sandoval, Aurelio; Rios Flores, Jose Luis; Torres Moreno Myriam; Cantu Brito, Jesus Enrique; Piceno Sagarnaga, Cesar; Yanez Chavez, Luis Gerardo. 2014.** Eficiência da água de irrigação na produção de milho forrageiro (*Zea mays L.)* e alfafa (*Medicago sativa)*: Impacto social e económico. Terra Latinoamericana, vol. 32, num. 3, julho-setembro, 2014. Pp. 231-239. Sociedad Mexicana de la Ciencia del Suelo, A. C., Chapingo, México.

[61] **Rios-Flores Jose Luis, Torres Moreno Miriam, Ruiz Torres Jose, Torres Moreno Marco Antonio. 2016.** Eficiência e produtividade da irrigação com água em trigo (*Triticum vulgare*) de Ensenada e Valle de Mexicali, Baja California, México. Revista Ata Universitaria. Revista Científica Multidisciplinar. ISSN 0188-6266 Vol. 26 No. 1. janeiro-fevereiro de 2016. Guanajuato, México.

[62] **Rios Flores, Jose Luis; Torres Moreno Miriam; Castro Franco Rafael; Torres Moreno Marco Antonio. 2015.** Determinação da pegada de metal azul em culturas forrageiras do DR- 017, Comarca Lagunera, México. Rev. FCA UNCUYO, 2015. 47(1): 93-107- ISSN print 03704661. ISSN (online) 1853-8665, Mendoza, Argentina

são contrastadas as outras culturas dessa origem. [633]O quadro 11 mostra que apenas a maçã AT de Cuauhtemoc, Chihuahua, teve um índice (que resulta da divisão da AFP da cultura a contrastar pela AFP da maçã MT) superior a 1, para ser exato, o seu índice foi de 1,39, o que sugere que produz mais 39% de maçã por m de água utilizada na produção do que a média estatal da maçã MT ao nível de todo o estado de Chihuahua.

Tabela 11: Produtividade e eficiência física, económica e social da água utilizada na <u>produção de maçã MT de Chihuahua versus diferentes árvores de fruto. Maçã MT = 1,00</u>

Produto	Local	[3]PFA (kg m')	[3]ADP (ganho em USD hm')	PAA [3](Empregos hm')	SFA (L kg ')	[3]EEE (ganho m /USD)	[3]SEC (m /emprego)	Autor
Apple MT	Chihuahua	2.28	$619,570	23.5	438	1.61	42,562	Este trabalho
Apple MT	Chihuahua	1.00	1.00	1.00	1.00	1.00	1.00	
Noz-pecã MT	Chihuahua	0.07	0.2	0.38	15.07	4.88	2.65	Este trabalho
Apple BT	Cuauhtemoc, Chihuahua	0.4	0.14	1.2	2.51	7.35	0.84	Rios, Torres y Azpilcueta, 2015
Apple AT	Cuauhtemoc, Chihuahua	1.39	0.99	0.97	0.72	1.01	1.04	Rios, Torres y Azpilcueta, 2015
Apple MT	Cuauhtemoc, Chihuahua	0.89	0.46	0.83	1.13	2.18	1.2	Rios, Torres y Azpilcueta, 2015
Apple BT	Canatlan, Dgo. DDR	0.39	0.24	1.19	2.6	4.17	0.84	Rios *et al*, 2015
Apple AT	Canatlan, Dgo DDR	0.82	0.59	1.64	1.21	1.71	0.61	Rios *et al*, 2015
Apple	Santiago Papasquiaro, Dgo	0.23	0.04	1.14	4.36	25.69	0.87	Navarrete et *al,2015*
Média da noz-pecã em B y G	Delicias, Chihuahua	0.05	0.08	0.17		0.61	5.97	Rios, Torres y Torres, 2016
Média da noz-pecã em B y G	Sudoeste de Coahuila	0.03	0.02	0.72	35.89	56.73	1.38	Rios y Navarrete, 2017
Pecan noz	Torreon, Coahuila	0.03	0.05	0.73	35.5		1.37	Rios y Navarrete, 2017

Rios, Torres e Azpilcueta, 2017. *Op. cit.*

Datil	Comondu, BCS	0.05	0.13	0.16	22.11	7.43	6.12	Zamora y Rivas, 2019
Oliveira	Espanha	0.17	1.72					Montesinos *et al*, 2011
Apple	Média mundial	0.53		1.88				Mekonnen y Hoekstra, 2011
Produção estatal em geral	Califórnia, EUA		0.4					Fulton, Cooley y Gleick, 2012

Fonte: Elaboração própria, com base nos quadros 4 e 9.

[3] Todas as outras culturas da tabela 11 tiveram um índice inferior a 1,00, ou seja, produzem menos biomassa por m de água utilizada na produção do que a maçã MT do estado de Chihuahua com 2,28 kg m-3. [64]Assim, por exemplo, para o caso das diferentes maçãs de Chihuahua e Durango, a tabela 11 mostra que o mais baixo dos índices foi para a maçã produzida na DDR de Santiago Papasquiaro , com 0,23, ou seja, que em Santiago Papasquiaro apenas se produz 23% dos 2,28 kg produzidos pela maçã MT.[365] [3]28 kg produzidos pela maçã MT de Chihuahua por m , e o maior dos índices foi para a maçã MT de Cuauhtemoc com 89% (o índice foi de 0,89) do nível de biomassa produzido pela maçã MT média do estado, as três nogueiras indicadas na tabela 11 produzem entre 3 e 5% de biomassa por m de água do que a maçã MT média de Chihuahua.

[66][67][68]O PFA da tâmara, da azeitona e da maçã média mundial na tabela 11 produzem menos kg de biomassa por m de água do que a maçã média MT no estado de Chihuahua, uma vez que os seus índices 0,05, 0,17 e 0,53 sugerem que produzem apenas 5%, 17% e 53% da biomassa produzida pela maçã MT neste estudo.

[69-3-3] Em comparação com o AFP médio da carne de bovino da China, Índia, EUA e a média mundial determinada por

---

[64] **Navarrete *et al*, 2015**. *Op. cit.*

[65] **Rios, Torres e Azpilcueta, 2017**. *Op. cit.*

[66] **Zamora e Rivas, 2019**. *Op. cit.*

[67] **Montesinos *et al*, 2011**. *Op. cit.*

[68] **Mekonnen e Hoekstra, 2011**. *Op. cit.*

[69] **Mekonnen, M.M. & Hoekstra, A. G. (2012)**. A global assesment of the water footprint of farm animal products. ECOSSISTEMA (2012). 15:401-415. DOI:10.1007-s10021-011-9517-8

Mekonnen e Hoekstra (2012) com 0,073 kg m , 0,060 kg m m 0,070 kg m-3 e 0.$^{-3}$065 kg m-3 respetivamente, em relação a estes produtos pecuários, o AFP da maçã MT e da noz MT de Chihuahua (com 2,28 e 0,15 kg m respetivamente), observa-se que ambas as culturas gozam de um AFP superior a estes produtos pecuários. [-3703-371]Da mesma forma, observa-se que de ambas as culturas apenas a maçã MT neste estudo tem uma AFP superior à AFP do leite bovino do Sistema Especializado em Delicias (com 0,220 kg m , Rios, Rios e Rios, 2019) e do leite bovino do Sistema Especializado em La Laguna (com 3,344 m de água por litro de leite equivalente a 0,309 kg m , Rios e Ruiz, 2019) .

[372]A produtividade económica da água, ou simplesmente PPE, padronizada para a unidade de medida de lucro em USD por hectómetro cúbico, abreviada como USD hm-3, como mostra a Tabela 11, foi de 619.570 USD hm = 1,00 no bloco Chihuahua MT, observando-se que apenas a Oliveira de Espanha produz mais lucro do que a cultura de referência, pois o seu indicador, igual a 1.[33]72, sugere que o mesmo hm de água utilizado na maçã MT, produz 72% mais lucro, mas não todas as outras culturas na tabela 11, com índices inferiores a 1,00, sugerindo que todas essas culturas produzem menos lucro por hm do que a maçã MT média no estado de Chihuahua. [333]Por outro lado, seu inverso, o IAF, medido em m de água por dólar de lucro produzido, abreviado como m /USD, igual a 1,61 m /USD=1,00 na cultura de referência, a maçã MT, quando contrastado com as culturas indicadas na tabela 11, observa-se que apenas a já mencionada maçã MT de Cuauhtemoc, Chihuahua, é semelhante em seu IAF com 1.[73]01, enquanto os outros índices, todos superiores a 1,00, sugerem que estas culturas,

[70] **Rios-Flores, J. L., Rios A., Becky E., Rios A., Hebrian E. 2019**. Pegadas físicas e económicas do leite. O caso do leite bovino de Delicias, Chihuahua, México. Editorial Academica Espanola. ISBN 978-620-0-02518-0. Beau Bassin, Maurícia

[71] **Rios-Flores, Jose Luis; Ruiz Torres, Jose. 2019**. Produtividade económica da água na agricultura e no gado leiteiro em Delicias, Chihuahua, México. CiBIyT Journal. Ciências Básicas, Engenharia e Tecnologia. ISSN 1870-056X. Tlaxcala, México. Pp.46-51.

[72] **Montesinos *et al*, 2011**. *Op. cit.*

[73] **Rios e Navarrete, 2017**. *Op. cit.*

todas elas, exigem mais água do que a maçã MT de Chihuahua para produzir um dólar de lucro, sendo o caso mais extremo a nogueira no sudoeste de Coahuila, uma cultura que exige 56,73 vezes a quantidade de água exigida pela maçã MT de Chihuahua para produzir um dólar de lucro.

A produtividade social da água (PSA), medida sob as unidades de empregos gerados por hectómetro cúbico de água utilizada na produção, abreviada como empregos hm-3, no Quadro 11, em que a unidade é o indicador para a manzana MT, com 23.$^{-3}$5 empregos hm , mostra que a maçã BT de, a maçã BT de, a maçã AT de e a maçã Santiago Papasquiaro tiveram índices superiores à unidade, ou seja, são gerados mais empregos nessas culturas por unidade volumétrica de água utilizada na produção, enquanto as culturas de noz pecan MT da maçã AT e MT de Cuauhtemoc, Chihuahua, bem como as três nogueiras pecan indicadas tiveram um PES inferior ao da maçã MT de Chihuahua.

[3]O índice inverso de PES é o de SWE, medido como m3 de água utilizada na produção por cada posto de trabalho gerado, mostra que foram necessários 42.562 m de água para criar um posto de trabalho na MT manzana MT de Chihuahua (igual a 1.00), e observa-se no quadro 11 que as culturas com uma eficiência social da água superior à da macieira MT foram a macieira BT de Cuauhtemoc (com um índice de 0,84), a macieira BT e AT de Canatlan (com índices de 0,82 e 0.61) e a maçã Papasquiaro (com um índice igual a 0,87), uma vez que os seus índices foram inferiores a 1,00, enquanto as culturas com a eficiência social da água mais baixa (uma vez que utilizam mais água para criar um emprego) foram a noz pecan MT deste estudo (uma cultura que exige 2.66 vezes a água exigida pela maçã MT para criar um posto de trabalho), as maçãs AT e MT de Cuauhtemoc, as três nozes pecan e a tâmara BCS, insiste-se, os seus índices indicam que utilizam mais água do que a maçã MT para criar um posto de trabalho.

VI. CONCLUSÕES E RECOMENDAÇÕES
6.1. Conclusões

Foram cumpridos os objectivos de determinar a produtividade e a eficiência da água utilizada na produção de noz-pecã MT e contrastá-la com os indicadores correspondentes para a maçã MT, ambas as culturas ao nível do estado de Chihuahua.

[-3-3]Com base nos resultados dos modelos matemáticos utilizados, a primeira hipótese é aceite, uma vez que a produtividade física da água "PFA" da maçã MT (2,28 kg m) foi 14,065 vezes (=15,065 -1, ver quadro 9) superior à PFA da noz MT (0,15 kg m) no Estado de Chihuahua.

[33]Com base nos resultados dos modelos matemáticos utilizados, a segunda hipótese é aceite, uma vez que a produtividade económica da água "EAP" da maçã MT (0,62 USD de lucro por m) foi 388% (=4,88 - 1, ver quadro 9) superior à EAP da noz MT (0,13 USD de lucro por m) no Estado de Chihuahua.

[33]Com base nos resultados dos modelos matemáticos utilizados, a terceira hipótese é aceite, uma vez que a produtividade social da água "WSP" da maçã MT (23 postos de trabalho por hm de água utilizada na produção) foi 166% (=2,66 -1, ver quadro 9) superior à WSP da noz MT (9 postos de trabalho por hm de água utilizada na produção) no Estado de Chihuahua.

6.2 Recomendações

A população tem vindo a aumentar exponencialmente ao longo do último século, o que tem concomitantemente conduzido a um aumento exponencial da procura de alimentos, sobretudo por efeito da produção de forragens para alimentar o gado dedicado à produção de leite e de carne, embora os alimentos de origem vegetal que a população procura diretamente também tenham vindo a crescer exponencialmente, o que tem necessariamente trazido consigo o impacto de exercer uma pressão considerável sobre os recursos naturais utilizados na sua produção, O que tem trazido consigo, necessariamente, o impacto de exercer uma notória pressão sobre os recursos naturais utilizados na sua produção, sendo a água um desses recursos naturais sob enorme pressão, senão mesmo o mais, pelo que, necessária e inevitavelmente, a otimização do uso eficiente e produtivo da água utilizada na produção, É **aconselhável a** existência de estudos científicos que demonstrem o grau de eficiência e o grau de produtividade com que a água é utilizada na produção agrícola, de modo a obter indicadores numéricos através dos quais se possam tomar decisões sobre quais as culturas em que é mais conveniente, em termos de sustentabilidade, afetar o uso da água, uma vez que, dispondo de indicadores que indiquem claramente a eficiência e a produtividade física, económica e social da água utilizada na produção agrícola, será possível obter uma utilização mais eficiente e produtiva da água na produção agrícola, Só dispondo de indicadores que indiquem claramente a eficiência e a produtividade física, económica e social da água utilizada na produção, e só dispondo deles, será possível, insiste-se, atribuir a água às culturas que são simultaneamente as mais respeitadoras do ambiente, na medida em que necessitam de pouca água para produzir um kg de produto físico, e também as mais produtivas na utilização da água, na medida em que são as que geram mais lucro e emprego por metro cúbico de água utilizada na sua produção.

Recomenda-se a realização de estudos sobre a pegada hídrica (através de índices de produtividade e de eficiência hídrica) da cultura da maçã noutros estados produtores, como Chihuahua, Coahuila, Nuevo Leon e Puebla, uma vez que estes estados têm sistemas de produção diferentes, bem como variedades de maçã diferentes que podem ter efeitos diferentes na produtividade e na eficiência do uso da água, ou seja, na pegada hídrica da cultura.

LITERATURA CITADA

Comité Mexicano do Sistema Produtivo Nuez A.C. 2018. Y Alderete y Socios, Consultoria Industrial. 2018. *Estudo estratégico da noz-pecã. Atualização 2018. Disponível em:.* http://comenuez.com/wp-content/uploads/2018/assets/estudio-estrategico-nuez-pecanera--2018.pdf. *Último acesso: 12 de fevereiro de 2020.*

Agua.org.mx Fondo para la Comunicacion y la Education Ambiental A.C. Overview of water in Mexico. Disponível em: https://agua.org.mx/cuanta-agua-tiene- mexico/. Último acesso: 21 de janeiro de 2020

Conversor de moeda. 2020. Disponível em: https://www.xe.com/es/currencyconverter/convert/?Amount =1&From=USD&To=MXN

Carrillo, C. J. 2019. Produtividade económico-social da água na videira irrigada por gotejamento (*Vitis vinifera)* em Coahuila, México. Tese profissional. Unidade Regional Universitária de Zonas Aridas, Universidade Autónoma de Chapingo. Bermejillo, Durango, México

Número de habitantes do planeta. Disponível em: mmm https://www.google.com/search?q=cantidad+de+habitantes+no +planeta+em+2018&rlz=1C1AVNC_enMX648MX669& oq=número+de+habitantes+no+planeta+em+2018&aqs=c hrome..69i57j0l3.7834j0j8&sourceid=chrome&ie=UTF-8

Cifuentes Rodriguez, Reynau, 2017. Produtividade agrícola da água, solo, capital e trabalho no cultivo de nogueira (*Carya illinoensis*) em San Pedro, Coahuila. Tese profissional. Departamento de Irrigação. Universidad Autonoma Agraria Antonio Narro, Unidade Laguna. Torreon, Coahuila, México.

SIAP, 2020. Encerramento   agncola 2018. Disponível em: https://nube.siap.gob.mx/cierreagricola/

Consejo Nacional de Poblacion y Vivienda, 2019. Disponível em: https://www.google.com/search?source=hp&ei=c7_aXc34J8

mosgXSxKmwDQ&q=rate+of+growth+demogr%C3%A1fico+in+mexico&oq=rate+of+growth+demogr%C3%%A1fico+in+mexico&gs_l=psy-ab.3...1744.10190..10671...0.0..0.166.166.0j10 1..gws-wiz0 .me-qtiFm9a0&ved=0ahUKEwiN_smesYPmAhVJlKwKHVJiCtYQ4dUDCAY&uact=5

Ecosarga, sem data. As propriedades das maçãs de acordo com https://www.frutadelasarga.com/blog/las-propiedades-de-as-maçãs-de acordo com a sua cor a sua cor. Disponível em:

Evolução da população mundial. A economia de mercado: virtudes e inovações. Demograffa. 2019. Disponível em: http://www.juntadeandalucia.es/averroes/centros-tic/14002996/helvia/aula/archivos/repositorio/250/271/html/economia/2/evolucion.htm. Acedido em: 10 de setembro de 2019

FAO (Organização das Nações Unidas para a Alimentação e a Agricultura), Departamento de Agricultura e Proteção do Consumidor, 2005. Utilização da água na agricultura. Disponível em: http://www.fao.org/ag/esp/revista/0511sp2.htm

FIRA, 2020. Agrocost. Disponível em: https://www.fira.gob.mx/Nd/Agrocostos.jsp

Fundação Aquae, 2019. Quantidade de água potável, fonte de vida. Disponível em: https://www.fundacionaquae.org/wiki-aquae/datos-datos-del-agua/cantidad-de-agua-potable-source-of-life/ data de acesso: 10 de setembro de 2019.

Fulton, Julian; Cooley, Heather e Gleick, Peter H. 2012. California's Water Footprint (A pegada hídrica da Califórnia). Instituto do Pacífico ISBN 1-893790-46-0 e ISBN 13-978-1-893790-46-9. Oakland, Califórnia. Disponível em: https://indicators.ucdavis.edu/water/files/California%20Water%20Footprint%202012%20Pacific%20Institute%20Fulton%20et%20al.pdf . último acesso: 9 de fevereiro de 2020.

Gleick (2000). The World's Water, 2000-2001: The Biennial Report on Freshwater Resources. Washington, DC. Islan Press, 2000. 335p.

HOEKSTRA, A. Y. e HUNG, P.Q. (2005). "Globalização dos recursos hídricos: fluxos internacionais de água virtual em relação ao comércio de culturas". Global Environmental Change, 15, pp. 45-56.

INIFAP-CENID-RASPA. (2006). *Programa de Irrigação.* [Acedido em: 1 de setembro de 2019]. Disponível em: https://cenidraspa.org/serg/serg_v1.php

As seis propriedades surpreendentes das nozes. Disponível em: https://comefruta.es/las-6-sorprendentes- propriedades-das-nozes

Mekonnen, M. M. e Hoekstra, A. Y. 2011. The green, blue and grey water footprint of crops and derived crop products. *Hydrology and Earth System Sciencies,* 15(5): 1577-1600.

Mekonnen, M. M. & Hoekstra, A. G. (2012). A global assesment of the water footprint of farm animal products (Uma avaliação global da pegada hídrica dos produtos de origem animal).

ECOSSISTEMA (2012). 15:401-415. DOI: 10.1007-s10021-011- 9517-8

Mekonnen, M. M. e Hoekstra, A. Y. 2011. The green, blue and grey water footprint of crops and derived crop products. Hydrology and Earth System Sciencies, 15(5): 1577-1600.

México-População, 2018. Expansão/ datos macro.com. Disponível em: https://datosmacro.expansion.com/demografia/poblacion/mexico

Montesinos, P.; Camacho, E.; Campos, B.; Rodriguez_Diaz. J. 2011. Análise da água de rega virtual. Aplicação à gestão de recursos hídricos numa bacia hidrográfica mediterrânica. Gestão de Recursos Hídricos. 25(6): 1635-1651.

Murphy D.E. (2003). Pela primeira vez, os EUA impõem limites à sede da Califórnia. New York Times, 5 de janeiro. 1- 16 p.

Navarrete-Molina, Cayetano, Ruiz-Esparza, Manuel de Jesus Azpilcueta, Rios-Flores, Jose Luis e Torres-Moreno, Marco Antonio. 2017. Produtividade da água agrícola no cultivo de maçã (*Malus domestica Borkh*) produzida nos municípios de Santiago Papasquiaro e Canatlan, Durango, México. No livro: Perez Soto, Francisco; Figueroa-Hernandez, Esther; Godinez-Montoya,

Lucila; Salazar-Moreno, Raquel. Ciências Sociais: Economia e Humanidades. Manual T-III. Variáveis macroeconómicas na produção agrícola. ISBN 978607-8534-29-6 pp. 93-106. Universidad Autonoma Chapingo, julho de 2017. Disponível em: http://www.ecorfan.org/handbooks/

Ortiz, Ramos Daniel, 2016. A produção e o comércio exterior da noz (*Carya ilinoinensis*) no México. Tese profissional de Licenciado en Comercio Internacional. Universidad Autonoma Agraria Antonio Narro, Unidad Saltillo. Saltillo, Coahuila México Pag. 33. Disponível em: http://repositorio.uaaan.mx:8080/xmlui/bitstream/handle/123 456789/8211/T19328%20ORTIZ%20RAMOS,%20DANIEL. pdf?sequence=1

Pedroza, S. A., Rios-Flores, J. L., Torres, M. M., Cantu B. J. E., Piceno S. C., Yanez Ch. L. G. 2014. Eficiência da água de irrigação na produção de milho forrageiro (*Zea mays)* e alfafa *(Medicago sativa*): impacto social e económico. Terra Latinoamericana volume 32 número 3, julho-setembro 2014. pp.231-239. Chapingo, México.

O que são   Disponível em: https://www.espn.com.mx/espn-run/note/_/id/2722475/nutrition-what-is-phytochemicals

Rios-Flores, J. Luis; Torres M., Miriam; Torres M., M. Antonio. 2015. Determinação da pegada metálica na produção de maçãs em Canatlan, Durango. No livro: Alternativas sustentables de participacion comunitaria para el cuidado del medio ambiente. Ramon Rivera (Coordenador). ISBN 13:978-84-16399-67-3. 1 ªedicion Universidad Autonoma Chapingo, México-Universidad de Antioquia, Colombia. pp. 117-128.

Rios-Flores, J. Luis, Torres M., Miriam, Castro F., Rafael, Torres M., M.A. Ruiz T. Jose. 2015. Determinação da pegada Mdrica azul em culturas forrageiras da DR017 Comarca Lagunera, México. Rev. FCA UNCUYO, 2018. 47(1): 101-122, ISSN impressão 0370-4661. ISSN (online) 1853-8665, pp.93-107. Mendoza, Argentina.

Rios-Flores, Jose Luis, Torres M. Miriam e Azpilcueta RE, M de J. (2017). Produtividade da água em macieiras produzidas sob diferentes níveis de tecnificação em Cuauhtemoc, Chihuahua, México. Revista Asuntos Economicos y Administrativos No. 32, Primer semestre 2017. ISSN 0124-1133. Universidade de Manizales, Colômbia. pp. 135-146.

Rios-Flores, José Luis, Torres M. M. e Torres M., M. A. (2016). Produtividade hídrica agrícola de árvores de noz-pecã no norte do México. Casos: Comarca Lagunera e Delicias, Chihuahua. ISBN978-3-639-80166-8. Editorial Académica Espanhola. BahnhofstraR>e 28, D-66111, SaarbrUcken, Alemanha.

Rios-Flores Jose Luis, Torres Moreno Miriam, Ruiz Torres Jose, Torres Moreno Marco Antonio. 2016. Eficiência e produtividade da irrigação com água em trigo (*Triticum vulgare*) de Ensenada e Valle de Mexicali, Baja California, México. Revista Ata Universitaria. Revista Científica Multidisciplinar. 26(1):20-29 ISSN 0188-6266 Vol. 26 No. 1. janeiro-fevereiro de 2016. Guanajuato, México.

Rios-Flores, J. Luis e Navarrete-Molina, C. (2017). Huella Mdrica y productividad economica del agua en nogal pecanero (Carya illinoensis) al sur oeste de Coahuila, Mexico. Revista: Estudios de Econom^a Aplicada. Volume 35-3, setembro de 2017. ISSN 1133-3197. Associação Internacional de Economia Aplicada (ASEPELT), Espanha.

Rios-Flores, Jose Luis; Ruiz-Torres, Jose; Rios-Arredondo, Becky Elizabeth. 2018. Produtividade económico-social da água na nogueira (*Carya illinoensis*). Estudo de caso: Produção de nozes no município de Torreon, Coahuila, México. Editorial Academico Espanola. ISBN 978-620-213967-0. Beau Bassin, Maurícia.

Rios-Flores, Jose Luis, Rios Arredondo, Becky Elizabeth, Cantu Brito, Jesus Enrique, Rios Arredondo, Hebrian Efrain, Armendariz Erives, Sigifredo, Chavez Rivero, Jose Antonio, Navarrete Molina, Cayetano & Castro Franco, Rafael (2018). Analisis de la eficiencia ffsica, economica y social del agua en esparrago (*Asparagus officinalis L.*) y uva (*Vitis* vinifera) mesa del DR-037 Altar- Pitiquito-Caborca, Sonora, Mexico 2018. *Revista de la Facultad de Ciencias Agrarias. Universidade Nacional de Cuyo*, 50(2). ISSN na versão impressa 0370-4661, ISSN (online) 1853-8665. Mendoza, Argentina.

Rios-Flores, Jose Luis; Rios Arredondo, Becky Elizabeth; Rios Arredondo, Hebrian Efram. 2019. Pegadas físicas e económicas do leite. O caso do leite bovino de Delicias, Chihuahua, México. Editorial Academica Espanola. ISBN 978-620-0-02518-0. Beau Bassin, Maurícia

Rios-Flores, Jose Luis; Ruiz Torres, Jose. 2019. Produtividade económica da água na agricultura e no gado leiteiro em Delicias, Chihuahua, México. CiBIyT Journal. Ciências Básicas, Engenharia e Tecnologia. ISSN 1870-056X. Tlaxcala, México. Pp.46-51.

Rios-Flores. J. L., Ruis Torres, J., Azpilcueta Ruiz Esparza, M. de J. 2019. Produtividade econômico-social da água no cultivo de abacate. O caso da produção em Michoacan, México. Editorial Academico Espanola. ISBN 978-3-639-53183-1. Beau Bassin, Maurícia

SAGARPA, 2017. Planeacion Agricola Nacional 2017-20130. Manzana Mexicana. Disponível em:

https://www.gob.mx/agricultura/acciones-y-programas/planeacion-agricola-nacional-2017-2030-126813.

SIAP, 2017. Maçã: México produziu 716.930 toneladas de maçãs em 2016. Disponível em: https://www.gob.mx/siap/articulos/manzana-mexico- produced-716-930-tons-in-2016?idiom=es

SIAP, 2018. Estatísticas da maçã no México. https://blogagricultura.com/estadisticas-manzana-mexico/. Último acesso: 27 de janeiro de 2020

SIAP-SADER (2018). Defeso agrícola 2018. Disponível em: http://infosiap.siap.gob.mx/aagricola_siap_gb/icultivo/

Takele, E. e Kallenbach, R. (2001). Analysis of the Impact of Alfalfa Forage Production under Summer Water-Limiting Circumstances on Productivity, Agricultural and Growers Returns and Plant Stand. Journal of Agronomy and Crop Science, 187 (1): 41-46.

Zamora, Ramirez, Anselmo & Rivas, L., Jose Antonio. 2019. Produtividade física, económica e social da água utilizada na produção de datil (*Phoenix dactylifera L.*) irrigada por gravidade em Comondu, Baja california Sur. Tese profissional. Universidad Autonoma Chapingo, Unidad Regional Universitaria de Zonas Aridas. Bermejillo, Durango, México.

Anexo

Anexo 1: Distritos de Desenvolvimento Rural (DDR), Centros de Apoio ao Desenvolvimento Rural (CADER) y municípios < produção física anual em maçã MT y noz MT em Chihuahua, México em 2018. São tidos em conta os seguintes elementos nas áreas colhidas y its

DDR	CADER	Município	Área colhida (ha)	Produção (ton)	VBP (MX$ nominal)
Apple MT					
Casas Grandes	Novas Casas Grandes	Casas Grandes	247.38	5290	$47,481,770.40
Madeira	Madeira	Madeira	105.26	2072	$28,754,600.00
Madeira	Gomez Farias	Gomez Farias	15.29	336	$4,267,200.00
Cuauhtemoc	Anahuac	Cuauhtemoc	4858.84	99991.46	$1,288,388,087.00
Cuauhtemoc	Cusihuiriachi	Cusihuiriachi	2064.46	53421.96	$718,183,417.70
Cuauhtemoc	Bachiniva	Bachiniva	1970.82	38718.13	$536,996,228.90
Papigochi	A Direção	Guerrear	3035.81	61080	$635,969,540.90
Papigochi	Guerrear	Guerrero	4247.62	78826	$828,802,726.30
Papigochi	Matachi	Temosachic	54.53	1125	$10,349,538.75
TOTAL			16,600.01	340,860.55	$4,099,193,109.95
Noz-pecã MT					
Casas Grandes	Novas Casas Grandes	Casas Grandes	1246.25	1844.1	$148,549,981.80
Buenaventura 5	Buenaventura	Buenaventura	1188	1799	$146,118,773.80
Buenaventura	Buenaventura	Galeana	2576	3879	$320,878,793.20
El Carmen	El Carmen	Buenaventura	2370	4218.6	$343,509,587.50
El Carmen	Villa Ahumada	Ahumada	2640	4672.8	$373,768,440.40
Vallede Juarez	San Isidro Praxedis G.	Juarez	938	1407	$104,604,554.70
Vallede Juarez	Guerrero Praxedis G.	Guadalupe Praxedis G.	99.75	149.63	$11,205,004.78
Vallede Juarez	Guerrero	Guerrero	65	104	$7,880,004.08
Baixo Rio Conchos	Coyame	Coyame del Sotol		1680	$139,960,800.00
Baixo Rio Conchos	Ojinaga	Ojinaga		688	$56,844,500.16
Baixo Rio Conchos	M. Benavides	Manuel Benavides		44.24	$3,402,800.12
Balleza	Balleza	Balleza	380	589	$44,419,994.55
Delícias	Saucillo	A Cruz	1661.39	2924.05	$250,152,340.00
Delícias	Saucillo	Saucillo	4184.45	7280.94	$619,716,881.00
TOTAL			18,776.84	31,280.36	$2,571,012,456.09

Fonte: Elaboração própria, com base no "cierre agricola 2018", do SIAP, 2019.